中国食辣史

增订版

〇

曹雨

著

北京联合出版公司
Beijing United Publishing Co.,Ltd.

图书在版编目（ＣＩＰ）数据

中国食辣史 / 曹雨著 . -- 增订本 . -- 北京：北京
联合出版公司, 2022.9
（至元集林）
ISBN 978-7-5596-4347-6

Ⅰ . ① 中… Ⅱ . ① 曹… Ⅲ . ① 辣椒 – 饮食 – 文化史 –
中国 Ⅳ . ① TS971.202

中国版本图书馆 CIP 数据核字 (2020) 第 113002 号

中国食辣史

作者: 曹雨
丛书题字: 陈丹青
出品人 : 赵红仕
责任编辑: 孙志文
封面设计: 与众工作室

北京联合出版公司出版
(北京市西城区德外大街 83 号楼 9 层　100088)
北京联合天畅文化传播公司发行
北京飞达印刷有限责任公司印刷　新华书店经销
字数 180 千字　880mm×1230mm　1/32　8 印张
2022 年 9 月第 1 版　2022 年 9 月第 1 次印刷
ISBN 978-7-5596-4347-6
定价: 59.00 元

"至元集林"丛书

学术顾问

叶嘉莹　楼宇烈　薛永年　龚鹏程　刘跃进　蒋　寅　杨念群

常任编委

谷卿

策划人

唐饮真

A history

of

chili pepper

in China

中 国 食 辣 史

总序
Perface

  时移世易，从"整理国故"到"批判清理"再到"全面复兴"，百年以来的学术命运正与国家命运息息相关。在万象纷呈、众声喧哗的今天，如何跳脱旧窠、摒除干扰，并以更平和的心理与更审慎的态度，实事求是、求其所是地想象和认知古典中国，是我们志于且乐于探求之事。

  "至元集林"所要建立的就是这样一个共同体：初见它的构成者各不相关，置于一处却成为一种精神的全息图景；它意欲凝聚精致的学问，其间暌违已久的可贵性情亦随之而来；它发扬的是古典学术与文艺中的"为己"传统，或也彰示了对当下与未来的种种责任。

  我们既不为命令和恳求而研究，也不为炫夸和苟且而写作，我们仅是把一种表里如一的专注和切实如需的主张透过我们感兴趣的话题和对象呈现出来，虽仅寸心所感，却相信能以心传意、心心相印。

  一个漫长的历险已经启程。我们在此无意发表什么壮伟"宣言"或许下何等"宏愿"，唯愿多年以后回顾斯时，仍有那股久违的安然和欣慰。

谷卿

2016 年 6 月 30 日于社科院文研所

再版前言
Perface

　　本书初版于 2019 年 5 月底问世以后，承蒙读者喜爱，获得了不少关注，也有许多读者针对书中的错漏之处提出了不少宝贵建议。对于这些建议，我十分感激，并一一记录订正。读者的青睐给予了我很大的鼓励，因此我决定把初版中的错漏之处、表述不清晰或结构欠完整的地方进行修订和增补。有读者指出初版没有在正文中标注参考文献的问题，在这一版本中，除了在正文中已经写明出处的引文以外，已将引用和参考的文献以脚注的形式逐一补齐。

　　初版中混淆了"茱萸"的几个品种，即"食茱萸""山茱萸""吴茱萸"，其中"食茱萸"和"吴茱萸"属于芸香科，"山茱萸"属于山茱萸科，其中用作调味料的通常是"食茱萸"，初版中误作"山茱萸"，现统改为"茱萸"。

　　初版中混淆了清代贵州思州府和思南府，思州府辖区约相当于现在的岑巩县西南和镇远县东北，而思南府则约相当于现在的思南、印江、务川三县辖境。现将其明确分开，并附上清代贵州地图以供读者参考。

　　新版有比较多的修改章节，还有第一章第四节"辣不是味觉"，

第二章第三节"中医对辣椒的认知"，第二章第六节"辣椒的性隐喻"，第二章第七节"挂一串辣椒辟邪"，第三章第七节"边疆的辣椒"。另外，其他各章节亦有零星的修改，这里不一一列举，希望读者阅读时能有惊喜的发现。

前 言
Perface

　　饮食男女，人之大欲存焉。吃是人的基本欲望，但在中国的历史上，平民吃不起，更不具备能力和精力考究饮食；贵族虽然讲究饮食，却看不起准备饮食的工作。故而中国的文献资料虽然丰富，但关于饮食的却是寥若晨星。各地方志中的"物产志"有一些，稗官野史和文人的随笔里有一些，历代小说里偶尔也会出现一些片段。本书参考了这些文献，依据现代人类学的研究路径和理论把这些内容连接起来，希望能够给读者展现辣椒在中国四百年作为食物的演变。

　　本书写作的基础是一系列学术论文和报告，笔者的一些师友认为关于辣椒的主旨很有趣，适合向大众推广，因此才有了这本书。笔者对原来的体例进行了大幅的改动，删去了较为烦琐的论证步骤、理论线索和统计模型，增加了一些可读性较强的内容，使之成为面向一般大众的科普读物。

　　本书分为三章，共二十二节，大致是按照历史的时间线索和论证的逻辑线索排序的，因此读者按顺序读完，能够对辣椒在中国的历史有一个系统的了解。不过如果有读者喜欢挑其中的某些章节来读，本书每节的内容也相对较完整且独立，因此也是完全可以单独阅读的。

本书的主题是辣椒，辣椒自明代传入中国以来，深深地改变了中国饮食文化的面貌。尤其是近数十年来，辣椒愈发普及，几乎成了中国现代饮食的标志物。有些人喜欢辣椒，谓之"无辣不欢"，有些人厌恶辣椒，认为它破坏了食物的原味，违背了中国饮食调和寒凉温热的食疗原则。无论如何，我们都不能忽视辣椒的重要性，因此我们要提出这些问题——

为什么辣椒在中国西南地区的饮食中被广泛使用，而在其首先传入的东南地区饮食中并不多见？辣椒是何时进入中国饮食的？它在中国饮食中的传播路径和动力是怎样的？中国饮食中的辛辣元素是如何演变的，为什么辣椒能够成为当今中国饮食中主要的辛辣来源？辣椒有哪些象征意义，这些意义又是怎么来的？为什么中国饮食中的辣味特征近二十年来越来越强烈，辣椒在当代中国是如何迅速普及的？

如果读者们想对这些问题一探究竟，那么这本书也许是不错的选择。社会科学研究中没有绝对的正确，笔者以有限的知识范围和精力做出一些粗浅的探索，窥陋之处在所难免，希冀读者指正。

目录
Content

Chapter

01

第一章

中国食辣的起源

A history

of

chili pepper

in China

中国食辣史

中国食辣的起源

第 一 节

辣椒何时进入中国

辣椒原产美洲，大约在 16 世纪下半叶进入中国，即隆
庆—万历年间。辣椒进入中国后长期作为观赏植物被栽培，
直到康熙年间才开始逐渐进入中国饮食。

哥伦布发现新大陆是辣椒得以从美洲传播到全世界的契机，众
所周知，哥伦布航行的目标就是希望从欧洲向西航行到达印度，并
获得印度的香料。当哥伦布和他的船员们第一次踏上西印度群岛时，
他们就注意到了辣椒，虽然明知这种新发现的香料和已知的胡椒很
不一样，他们仍然固执地将它称为胡椒，这就是欧洲语言中普遍将
辣椒称为"pepper"的来源。1493 年哥伦布第二次前往美洲时，
船医迪亚哥·阿瓦雷兹·昌卡（DiegoÁlvarezChanca）首次将辣椒
带回西班牙，并且在 1494 年首次记录了辣椒的药用特性。[1]

辣椒在亚洲的传播与葡萄牙人的关系更为密切，15 世纪到 16
世纪时前往美洲的大多数船只，无论是西班牙船只还是葡萄牙船只，
都常在里斯本停泊补给。因此葡萄牙几乎与西班牙同时获得了来自
美洲的辣椒。由于教皇子午线的分割，葡萄牙船只更多地往东方航行，

---

1 Barth, J. Pepper: A Guide to the World's Favorite Spice, Rowman&Littlefield, 2019, p.36。

因此亚洲的辣椒多由葡萄牙人带来。在 1500 年前后，南亚次大陆上就已经出现了辣椒，主要分布在葡萄牙占据的果阿殖民地一带。

　　中国最早有关辣椒的文献记载是明高濂所著的《遵生八笺》[1]中《燕闲清赏笺·四时花纪》篇的一行文字"番椒丛生，白花，果俨似秃笔头，味辣色红，甚可观"。[2]高濂是杭州人，生卒年不详，大致生于嘉靖初年，殁于万历末年，一生多数时间居于杭州，曾短暂出仕，是一个高蹈飘逸的文士，对戏曲、诗文、书画、园艺、饮食都有研究。清康熙年间的文献《花镜》[3]《广群芳谱》[4] 等亦有收入

1　学界对于辣椒最早在中文文献中出现的记载有争议，南京农业大学的蒋慕东、王思明、丁晓蕾、胡义尹等人皆认为刊于万历十九年的《遵生八笺》为最早记录辣椒的中文文献，而南京师范大学的程杰最近对此提出不同意见（程杰：《我国辣椒起源与早期传播考》，《阅江学刊》，2020，12（03）：103-1260、142-143），认为刊于天启元年的《群芳谱》才是最早记录辣椒的中文文献。古代文献的版本问题争议很多，若穷究版本问题则很难对具体问题做出有价值的探讨。由于明代中后期山东沿海商埠远不如浙江沿海商埠繁荣；且浙江各地方志普遍较早出现辣椒记载，而山东各地方志中出现辣椒的记载，基本上都是沿大运河周边地方，极有可能起自江浙沿大运河传播；又且辣椒喜温，不耐寒，在北方不易存活。出于以上原因，笔者仍循传统的浙江起源说。

2　高濂，《遵生八笺》之《燕闲清赏笺·四时花纪》，十九卷之十四，钦定四库全书本。

3　刊于康熙二十七年（1688 年），作者陈淏子，字扶摇，自号西湖花隐翁，生于万历四十年（1612 年），明亡后归隐于杭州近郊，致力园艺。

4　刊于康熙四十七年（1708 年），《群芳谱》原作者王象晋，山东桓台人，原作并未

小知识 辣椒大约在明朝中后期通过海路传入中国，最早登陆浙江、广东，虽然没有明确的史料记载辣椒传入中国的过程，但据当时的贸易情形来看，很可能是当时旅居东南亚的华人最早接触到辣椒，而明朝中后期江南、岭南皆盛行造园，园林艺术很重视奇花异草的引进。当时造园的富家常委托海商寻求海外珍品花草，辣椒很有可能是被当作异域花草引进的。

辣椒，可见迟至康熙年间，中国人对辣椒的认知是一种观赏植物，因此辣椒在传入中国的最初一百年间（大略为17世纪）未入蔬谱，而是记载于花草谱。早期记载辣椒的三人中，有两人是杭州人，一人是临清人，可见当时杭州是明末清初辣椒传播的一个重要贸易节点；临清则是位于京杭大运河之畔的重要贸易中继点。时至今日，中国辣椒栽培中的两大品种之一就是杭椒，另一种是线椒。

在东亚三国之中，最早有文献可考的辣椒输入记载是关于日本的，《耶稣会文献》中记载日本辣椒传入是1552年由葡萄牙传教士巴尔萨泽·加戈（Balthazar Gago）作为礼物送给当时领有九州岛丰后国和肥后国的大名大友义镇的。[1]然后是中国，最迟是朝鲜。但是我们有理由相信中国人接触到辣椒的时间要远早于出现文字记载的时间。

葡萄牙人达·伽马在1498年初到果阿，1510年阿方索·德·阿尔布克尔克（Afonso de Albuquerque）攻占果阿旧城，建立起葡萄

收入辣椒。清康熙年间汪灏扩充为《广群芳谱》并收入《四库全书总目》之谱录类，汪灏字文漪，山东临清人，辣椒条目由汪灏收入。

1 Coleridge, H. J. The life and letters of St. Francis Xavier. The 2nd Volume of 2. The Society of Jesus, 1872, p.262.

牙军事据点，次年阿尔布克尔克从果阿前往马六甲，经过与满剌加苏丹国的苦战，征服了马六甲城，开始了对马六甲的殖民经营。早在葡萄牙人染指马六甲以前，永乐皇帝的使臣郑和就曾到过马六甲，中国船队的通事官费信在他的《星槎胜览》中记录当地人"身肤黑漆，间有白者，唐人种也"。[1] 也就是说，在 1433 年以前已有华人在马六甲居住，但不能确定是定居者还是客旅商人。陈志明教授曾对马六甲的华人历史做过系统的考查，[2] 我们可以确定的是，15 世纪中国商人经常来往广东、福建的主要港口和马六甲之间，16 世纪时可以确定有中国定居者住在马六甲，甚至有一位马六甲苏丹娶了一名中国女子。

　　哥伦布从新大陆带回了大量具有很高经济价值的作物，然而这些作物大多数是热带或亚热带作物，很难在气候条件不同的欧洲种植，因此西班牙和葡萄牙都在寻找适合种植这些作物的土地。西班牙人占据了大部分的美洲殖民地，葡萄牙人苦于没有适合种植这些作物的土地，因此当阿尔布克尔克占领果阿时，就迫不及待地在果

1　费信：《星槎胜览》，四卷之一，明嘉靖古今说海本，第 5 页。

2　陈志明、丁毓玲：《马六甲早期华人聚落的形成和涵化过程》，载《海交史研究》，2004 年第 2 期，第 1—11 页，第 15 页。

阿大量种植这些新大陆作物。[1]葡萄牙人给果阿的饮食带来了辣椒、番茄、土豆、菠萝、番石榴、腰果，这些原产于美洲的食物，并且在16世纪以前的果阿形成了具有葡萄牙风格的一系列菜式，这些食材和菜式很可能流传到同属葡萄牙果阿总督治下的马六甲，而马六甲的华人也很可能在16世纪早期就已经接触到了辣椒，但是没有留下文字记载。由于这些华人频繁往来华南的各个港口，因此我们也有理由相信中国广东和福建的港口早在16世纪上半叶就已经认识了辣椒这种植物。但是当时的中国人并没有重视这种植物，除了作为奇花异草来吸引目光，这种植物并没有什么大用途。

有趣的是，葡萄牙人在果阿种植辣椒是以食用为目的的，而辣椒在其原产地中美洲也早就被当作调味料使用。但是中国商人们似乎并不了解这一点，在辣椒从葡萄牙人手上传到中国人手上的过程中，物的本体传过去了，但使用辣椒的信息却丢失了。这就好比一个中国人给了欧洲人一方砚台，却没有说明它的用途，这样一来，砚台的使用信息就丢失了，那个收到了砚台的欧洲人百思不得其解，

---

1 Freedman, P. and Chaplin, J.E. and Albala, K. Food in Time and Place: The American Historical Association Companion to Food History. University of California Press, 2014, pp.75-76.

只好把砚台当作一块异域石头充作摆设了。

除了由葡萄牙人的渠道传入中国，辣椒还有可能由西班牙人通过吕宋国（菲律宾古国之一）作为中继点传入中国。15世纪中期福建和浙江沿海与吕宋的贸易相当频繁，而16世纪侵入吕宋的西班牙人也已经在当地种植辣椒，因此辣椒借此传入宁波、泉州等港口的可能性也很大。

综上所述，辣椒传入中国不是一次性完成的过程，而是在15世纪和16世纪持续的一个过程，辣椒进入中国不止一次，不止一地，并且传入了不同的品种。辣椒最早的中文文献记载出现在浙江，而不是同样较早接触到辣椒的福建和广东，是浙江文教比较发达的缘故。与西方的航海家和商人不同，中国明代的商人留下的文字资料很少，一方面是由于这些人文化水平不高，没有记录的习惯；另一方面文人善于资料整理和保存，而商人缺乏文字传承的传统。另外，在明末清初，尤其是南明与清在中国南方的拉锯战当中，必定损失了大量的文献资料，由此导致高濂的记载成为仅存的线索。

辣椒最早的中国文献记载出现在杭州也离不开当时江南文人的审美情趣。明代江南地区的文人世宦之家盛行"造园"的风气，如董其昌、王世贞、钱谦益等人都据有不止一处园林，王世贞还说"市

居之迹于喧也，山居之迹于寂也，唯园居在季孟间耳"。[1] 当时江南的这些世家，不但拥有大量庄田，还有很多手工业作坊、商铺等产业，还投资海上贸易。他们经营自家园林时，不但要满足自己的"雅趣"，还有相互争竞的意味。争竞的要点之一就在于奇花异草，能够获得一两种别人没有的特殊植物，自然是格外出众的事情。顾起元说："大红绣球花，中国无此本。沈生予令晋江时，海舶自暹罗国携至以遗生予。生予载还育之，数年遂萎。生予言：海舶所携多外国奇卉，而此花为尤。"[2] 此处虽是介绍大红绣球花的来历，但亦可见江南园林种植域外花卉当不在少数。辣椒很有可能就是作为一种域外的奇花异草被引入江南园林中的，故而出现在高濂的《遵生八笺》中，高濂本身也是一位极高明的园艺家。

辣椒在美洲原是一种食物，但是以辣椒作为食物显然在当时只是中美洲地区的"地方性知识"，[3] 当时的中国人并不了解这一点。当中国人接触到辣椒这种外来作物时，首先注意到的是它作为观赏

---

1 陈继儒：《陈眉公集》，十七卷之九，明万历四十三年刻本，第 111 页。

2 顾起元：《客座赘语》，十卷之一，花木篇，明万历年刻本，第 43 页。

3 地方性知识的概念，详见吴彤的论述（吴彤：《两种"地方性知识"——兼评吉尔兹和劳斯的观点》，载《自然辩证法研究》，2007 年第 11 期，第 87—94 页。

植物的价值，因其"色红，甚可观"。随着辣椒的物质特性逐渐被
中国人所了解，辣椒开始陆续出现在"药谱"中，也就是说明末清
初的中国人是将其作为一种草药加以利用的。但是仍以外用涂抹为
主，仅有极少的文献记载内服的情况，从这一方面来看，中国人对
于食物仍是持有很谨慎的态度的，在不太明白辣椒的物质特性时，
先积累足够的使用经验。辣椒的药用价值被中国人发现了以后，开
始在长江和珠江航道商路的沿线地区被少量种植，因此我们可以看
到辣椒陆续地出现在这些地方志的"药谱"中，但是种植的规模还
非常小，使用的范围也很有限。

　　方志记载的情况也印证了辣椒传入中国的起始地点不止一处，
但不可能经由内陆的贸易路线传入，所以辣椒一定是经由海洋贸易
传入东亚的，比较可能的传入地点有四处，分别是广州和宁波两个
口岸直接由海路输入；台湾岛在荷兰侵占时期传入，由于台湾对辣
椒的称呼是"番姜"，与闽南地区相同，很有可能是先传入台湾再
传回闽南故地的；辽宁辣椒的传入与朝鲜的贸易有关，比较有可能
是朝鲜经由海路获得辣椒后，再通过与中国东北的贸易联系传入辽
宁的。在这四处传入点中，后二者的传播影响力比较弱，由朝鲜半
岛传入的辣椒几乎只在中国鸭绿江和图们江两岸居住的朝鲜族中流

小知识 当一个习惯了欧美麦当劳食物的消费者来到中国的麦当劳，也许会惊讶于有如此多的辣味选择，为了迎合中国人愈演愈烈的食辣潮流，麦当劳甚至在2021年1月推出了一款匪夷所思的季节性新产品——油泼辣子新地（spicy chili oil sundaes），给已经非常丰富的中国麦当劳辣味产品线又增加了一名新成员。

行，对东北汉族和满族聚居点的影响非常小，从可考的文献来看，清中期以前的东北地区并没有食辣的习惯。

乾隆十二年（1747年）《重修台湾府志》载"番姜，木本，种自荷兰，开花白瓣，绿实尖长，熟时朱红夺目，中有籽，辛辣，番人带壳啖之，内地名番椒"。[1] 这一段话里有几个重要信息，其一是"种自荷兰"，台湾的辣椒系由荷兰人殖民时期传入，即在1642年荷兰开始在台湾建设殖民地至1661年郑成功驱逐荷兰开殖民者离开台湾之间，台湾已有辣椒；其二是"番人带壳啖之"，这里的"番人"应该是指台湾的原住民，即当时台湾原住民已经从荷兰人那里获得了辣椒，因为当时文献中，一般称荷兰人为"红毛"，称台湾原住民则用"番人"，也就是说当时台湾原住民已经拿辣椒作为一种食物了，而当时在大陆，辣椒食用的范围还很小，尤其是在闽南一带的汉人还没有开始以辣椒作为食物；其三是"内地名番椒"，意味着当时闽、台一带居民已经知道"番姜"和"番椒"其实是同一种植物，只是由于传入路径的不同而产生了不同的名字。由于台湾郑氏东宁王朝与清朝之间的对立，闽、台之间存在长期的贸易阻碍，

---

1 范咸：《续修台湾府志》，二十六卷之十八，物产，2020/07/07, https://ctext. org/wiki.pl？if=gb&chapter=534773&remap=gb#p100.

　　直到康熙二十三年（1684 年）清朝收复台湾，台湾才与大陆之间往来稍多，台湾"番姜"入闽大致始于这一时期，但闽南民系中将辣椒作为饮食材料使用的情况很少，也没有进一步向其他地区传播。因此番姜之名止于台湾和闽省沿海数县。乾隆二十八年（1763 年）《泉州府志·药属》载"番椒，一名番姜，花白，实老而红，味辣能治鱼毒"，即当时闽南人仍将辣椒作为一种药物使用，用来治疗食用水产过多而发生的"鱼毒"，而十六年以前的《重修台湾府志》早已说明辣椒是当时台湾岛本土的食物了。从以上记载来看，台湾岛的辣椒食用是一个单独发生的过程，与大陆的情况不同，辣椒首先由荷兰人带入，然后在台湾本土居民中传播并作为食物，赴台的闽南人发现了这一情况，并且极有可能习得了这种饮食习惯，因此台湾食用辣椒的历程是一个单独发生的历史过程，然而在台湾与大陆交流增多以后，两种独立发生的食用辣椒传统交互影响，从而令人难以分辨各自具体的源流。

　　广州和宁波是辣椒传入中国的最重要的两个港口，辣椒传入中国之后的传播路径非常复杂，但几乎都可以追溯到这两个港口，其中尤以宁波为重要。从宁波传入内陆的辣椒，经由长江航道和运河航道向北、向西传入华北和长江中游地区，包括安徽、江西、湖南、

山东、江苏、湖北、河南、河北等省份。从广州传入内陆的辣椒，经由珠江航道和南岭贸易孔道向西、向北传入广西、湖南、贵州、云南、四川等省份。长江中游的湖南、湖北、江西三省很有可能同时受到了广州传入的辣椒和宁波传入的辣椒的影响，其中湖南省也是向西部的贵州、四川、云南这几个省份传播的重要中继点。中国东南沿海最先接触到辣椒，然后是中国内河贸易网络的覆盖区域，诸如长江沿岸的贸易城镇、大运河沿岸的贸易城镇、珠江沿岸的贸易城镇。商路覆盖不多的区域，对辣椒的记载也最晚。

综合对方志以及相关史料的研究，可以基本确定辣椒进入中国内陆始于万历末期，与中国白银货币化几乎同期。辣椒进入中国的时代背景是来自美洲的白银作为通用货币而进行的全球化贸易。同时也有隆庆开关这一重大历史事件的推助。如果没有大量的来自美洲的白银加入全球贸易，那么辣椒进入中国也许要晚一些，但即使没有隆庆开关的政策因素，辣椒仍然会经海盗和走私等手段进入中国。

第 二 节

辣椒的名称是怎么来的

辣椒传入中国以前，"椒"字一般指花椒，辣椒在借用中国传统香辛料名称的同时，也继承了中国人对香辛料的各种想象和隐喻。

辣椒在中文中先后有多种名字，流传较广的分别有番椒、秦椒、海椒、辣茄、番姜、辣角、辣虎、辣子等，流传地域不一，时间先后也有别，我们先从辣椒两字的解析开始。

现代汉语中，"辢"是"辣"的异体字。"辣"在《康熙字典》中被列为"辢"的俗字，辣与辢实际上互为异体字，辢是辣的本字，北宋以前的文本大多写作辢。"辢"字的出现应在东汉时期，此前的文献中没有此字，"辢"字始见于东汉末年的《通俗文》："辛甚曰辢。"此后三国时期的文献中亦有记载，《广雅》中有"辢，辛也"，《声类》中有"江南曰辢，中国曰辛"。《声类》的说法很有价值，辣似乎是江南的说法，有可能出自百越的语言之语音，华夏族转记为辢字（但百越也是华夏族对南方诸民族的他称，包含的族群差异性极大，具体族源不明），汉字中转记其他民族语音的事例极多，如江河之"江"字即为一例，"江"字来自古百越之语音，故而南方之河流多称

为某"江";[1] 又如称呼兄长之"哥"很可能来自鲜卑语，取代
"驿"而广泛使用的"站"来自蒙古语；近代以来汉语的外来词
语更是不胜枚举了。中原的华夏族本来只有"辛"字，甲骨文中
即有辛字，原是象形字，是一种尖头圆尾的刑刀，据考证是用于
黥面的，引申义作痛极解，即辛是会使人流泪的痛觉。因此辛作

图 1-1
金文"辛"，司母辛
方鼎（商代晚期）

图 1-2
金文"辛"，蔡侯尊
（春秋晚期）

图 1-3
传抄古文字"辢"，
即辣的本字

1 此处从梅祖麟之说（J. Norman and Tsu-lin Mei. The Austroasiatics in Ancient South China: Some Lexical Evidence.Monumenta Serica.1976,（32）: 274-301），张洪明对此有不同意见（张洪明、颜洽茂、邓风平，《汉语（江）词源考》，载《浙江大学学报（人文社会科学版）》，2005，35（1）: 72-81）。语言学界对于古汉语外来词的讨论很多，形成的意见也很不一致。

小知识

在先秦古籍中，常以"薑韭"来指代辛香料，如《灵枢经五味论》中有"薑韭之氣熏之"，即泛指有辛香味的调味品。唐代贾公彦更是直接在注解《礼记》时写下"薑即辛也，盐即咸也"。

为对刺激性感觉的形容，也是从它的引申义而来的。《周礼》有"以辛养筋"，《楚辞》有"辛甘行些"，可见先秦时期已经有以"辛"字形容味觉感受的用法。《楚辞》中的"辛甘行些"专指"椒、姜"二物，可见先秦时期华夏族所认识的有辛味的食物仅限于花椒和姜，两者皆原产于中国（椒在秦岭一带出产，姜在江淮一带出产）。秦汉时期才陆续有蒜、葱、胡椒等物进入中国。《说文》中有"辛痛即泣出"，有刺激性味道的食物都可以称为辛，而辣则是辛得厉害。凡是姜、胡椒、葱、蒜、韭等物的刺激性味道都可以称为辛，辣椒含有的刺激元素则远超前数者，用"辣"名之可谓贴切。

"椒"在《康熙字典》中的记载如下：

《说文》菜也。《尔雅·释木》椒榝丑菜。《注》菜莍子聚生成房貌。

《疏》椒者，榝之类，实皆有菜汇自裹。《诗·唐风》椒聊之实，蕃衍盈升。《陆疏》聊，语助也。椒树似茱萸，有针刺，叶坚而滑泽，蜀人作茶，吴人作茗。今成皋山中有椒，谓之竹叶椒。东海诸岛亦有椒树，子长而不圆，味似橘皮，岛上獐、鹿食此，肉作椒橘香。

《汉官仪》中皇后以椒涂壁，称椒房，取其温也。《桓子·新论》中董贤女弟为昭仪，居舍号椒风。

《荀子·礼论》中椒兰芬苾，所以养鼻也。

六国贸易逆差

　　在辣椒进入中国以前，椒字一般指芸香科花椒属的几种植物，从《说文》的记载来看，当今"椒"字的古字有两个——"椒""茮"，"椒"指整株植物，"茮"专指其果实，即今谓"花椒"者。"椒"的共同特点是均为乔木，枝干有刺，果实有辛辣味。而辣椒则是草本植物，成株状态为灌木。上古文献中乔木与灌木的区分明显，乔木用木字旁，灌木用草字头。中国传统意义上的"椒"与辣椒在植物形态下的差异极大，很容易区分。辣椒传入中国后被命名为"椒"，与花椒、胡椒等并称，是因其辛辣故。中国古代文献中用单字"椒"者一般指花椒，不应理解为辣椒。现代汉语中，花椒、胡椒、辣椒，只有花椒是指原来的"椒"，其余二者都是外来辛味植物借用了"椒"的名字。

　　除了辣椒，其余的中文名称也很有意思。

　　番椒（亦作蕃椒）是辣椒一词普及以前最广泛使用的辣椒的通名，清中期以前的文献一般都用番椒之名，可见辣椒在进入中国的最初一百年，其外来植物的特征很突出，因此强调"番"。此后辣椒逐渐进入中国饮食，其食用的味觉特征日益为人所熟知，因此渐渐改称辣椒，这个过程也是辣椒这种食物本土化的过程。

　　海椒是辣椒在西南地区普遍的叫法，"海"字明确指出了辣椒来自海外，与"番"字的意义差不多。由于西南地区离海很远，因此"海"

字也提示了辣椒是从东南沿海地区传来的，这一名称也暗示了辣椒在中国的传播路径，即先到达沿海，再逐渐传入内陆。秦椒是清代辣椒在中原地区普遍的叫法，秦椒原指产自秦地的花椒，《本草纲目》中称"秦椒，花椒也，始产于秦"。战国时代，秦椒和蜀椒是秦国的重要贸易品，秦国与山东六国相比，物产居于劣势，花椒贸易在很大程度上缓解了秦国对六国贸易的逆差。

雍正年间的《陕西通志》记载"俗呼番椒为秦椒"。可见秦椒原指花椒，但到了雍正年间民间已经把秦椒的称呼转指辣椒了。究其原因，陕西地区的农业在明末战乱中遭到了极大的破坏，在明末清初的这段时间里，"秦椒"之名已是一个历史名词。辣椒传入四川以后，迅速地在蜀中各地流行起来，向北扩散到了汉中，进而突破秦岭的阻隔在关中地区广泛栽培起来，自此陕西始有辣椒栽培的记录。辣椒在华东和华中地区的传播远不如在西部山区的传播来得快，因此华北平原地带的辣椒多自关中传入，而已作古百年的"秦椒"之名也得以借辣椒而还魂，重新在北方地区流行起来。

番姜之名仅在台湾通用，依闽南语音应记为"番仔姜"，这是辣椒名称中唯一挪用"姜"字的例子，应与台湾不出产花椒而盛产姜有关系。

辣茄、辣角、辣子、辣虎等名都是辣椒的别称，这几个名字隐

含的意义并不丰富，因此不多做解释。以下再谈谈辣椒在东亚其他国家的命名情况。

辣椒在日语中为"唐辛子"（假名直写とうがらし），亦写作唐芥子、蕃椒。镰仓时代末期和德川时代早期九州地方叫"南蛮胡椒"。近代以前，日本经常用"唐"字来称呼外来物品，盖因日本所接受之外来物以中国传来最多，但不能因为有"唐"字就断定此物来自中国，辣椒传入日本就是由葡萄牙人直接输入的。日本文献中首次记载辣椒传入是 1552 年由葡萄牙传教士巴尔萨泽·加戈作为礼物送给当时领有九州岛丰后国和肥后国的大名大友义镇的，辣椒从九州进入日本应无疑问。早期称谓中的"南蛮胡椒"则明指其来自西方，当时日本人称呼欧洲人为"南蛮"，因其由日本列岛南方海面来之故。

朝鲜语中为고추（Gochu），汉字写作"苦椒"。在朝鲜半岛，辣椒也有很多别名，如蛮椒、南蛮椒、番椒、倭椒、辣茄、唐椒等，其语源与中文类似。辣椒在朝鲜半岛的首次文字记载出现在 1614 年编成的《芝峰类说》中，记载如下：

南蛮椒有大毒，因传自日本而称倭芥子。

这里明确指出了朝鲜的辣椒系由日本传入，且朝鲜人认为辣椒有毒，因此在很长一段时间内，朝鲜半岛上的饮食中辣椒并不常见，直到 1715 年朝鲜农学者洪万选著作的《山林经济》问世，书中才首

按照《南方草木状》的说法，蒟酱是用荜茇制成的。荜茇是胡椒科植物的统称，大荜茇通常指胡椒；岭南有小荜茇，是从中南半岛传来的物产，也叫扶留藤或蒌叶。如今川式卤水和川渝火锅中仍常用荜茇，也叫长胡椒，除了四川以外，广东卤水、兰州牛肉面汤中也会用到荜茇。

次出现辣椒栽培法。此后，1766 年的《增补山林经济》中出现"朝鲜泡菜是用辣椒、大蒜制成的腌菜"的记载，这大概是朝鲜泡菜的最初文献史料。

欧洲语言中也有类似的问题，辣椒在英语中常被称为 Chili Pepper，Chili 有时也写作 Chilli 或 Chile，或 Hot Pepper，拉丁常用名 Chile，拉丁属名 Capsicum（1753 年定名），辣椒粉为 Paprika，德语中辣椒与辣椒粉均为 Paprika。西班牙语中辣椒一般写作 Chile，偶尔写作 Pimiento，胡椒则为 Pimienta，葡萄牙语写作 Pimentão，法语辣椒名为 Piment。

首先，Chile（西班牙语、拉丁语）、Chilli（英语）、Chili（英语）的名称皆来自中美洲的纳瓦特尔语（Nahuatl），出自犹他 – 阿兹特克语族，是原产地语言对辣椒的原称，被欧洲语言借用。

Pepper（英语）、Pimiento（西班牙语）、Paprika（德语、匈牙利语、斯拉夫语族）借用了胡椒的名字，在辣椒传入欧洲以前，欧洲能够大量获得的辛辣味调味料仅有胡椒，是因其有辛辣味而定名的。其中西班牙语的 Pimiento（辣椒）是从 Pimienta（胡椒）变形而来，词尾变形以作区分，而法语的 Piment（辣椒）则借用西班牙语，正好与法语的 Poivre（胡椒）区分。胡椒的拉丁语写作 Piper，希腊语写作 Piperi，斯拉夫语族的胡椒词语皆从希腊语源，拉丁字母写

法写作 Peperke、Piperke 或 Paparka，其中匈牙利语为 Paprika（胡椒、辣椒同词）。辣椒传入欧洲系由 15 世纪西班牙人自美洲贸易而来，而彼时德意志民族地区以及东欧地区贸易并不发达，地中海贸易在当时居主要地位。

奥斯曼帝国与辣椒在欧洲和黎凡特地区的传播有密切的关系，西班牙和葡萄牙向西开拓新航路的重要动因之一就是奥斯曼帝国垄断了东方的航路，但当葡萄牙成功绕过非洲的好望角来到印度洋时，奥斯曼帝国可谓后院起火，贸易霸主地位岌岌可危。尤其是当葡萄牙在印度洋贸易中占据优势以后，数次封锁波斯湾和红海到印度的航线，严重威胁到奥斯曼帝国的胡椒贸易航线，导致奥斯曼帝国在 16 世纪上半叶胡椒的输入量骤减。[1] 奥斯曼帝国不得不采用新的香辛料贸易品来维持他们在东地中海的贸易规模，这时候，辣椒开始进入奥斯曼帝国的视野。奥斯曼帝国最早在阿勒颇附近种植辣椒，结果大受欢迎，于是辣椒开始迅速地在东地中海一带传播，一直扩散到奥斯曼帝国控制下的巴尔干半岛至匈牙利一带。辣椒在当地的使用方法是干燥后磨成粉末作为调味用，这种调味料以布达佩斯为原点传至中欧诸地。因此匈牙利语 Paprika 成为这种辣椒粉的通用名

1　[美]桑贾伊·苏拉马尼亚姆：《葡萄牙帝国在亚洲：1500-1700（第二版）》，巫怀宇译，广西师范大学出版社，2018 年版，第 106-108 页。

称，从而在中欧、东欧、巴尔干流传，故而德语和斯拉夫语族多数语言直接用匈牙利语的 Paprika 一词称呼辣椒，并不加以变形，正好与各语言中原有的胡椒一词区分。

拉丁属名 Capsicum 仅用于学术领域，日常的欧洲语言并不采用这一称呼，属名中前半部来自 Capsa，源自希腊语 Kapto，意为"噎"，后半部 cum 则是"属"的意思。

辣椒在东亚和欧洲都不约而同地采用了两地已知的辛辣调味料借名，在东亚则是原专称花椒的"椒"，在欧洲则是原专称胡椒的"Pepper"。由此可见转借的方法是各文明所常有的对新发现物的命名方式。转借的依据则是辣椒和胡椒所共同具备的辛辣特征，辣椒和胡椒、花椒等植物的植株形态有很大的差异，因此这种转借命名并不依据植物形态的共同特征，在辛辣特征的转借命名原则背后，则是对其归属和类比的分类方式，因此辣椒也继承了数千年来欧亚大陆各文明对辛辣调味品的各种想象和隐喻。

第 三 节

中国人真的能吃辣吗

许多中国人都对自己的吃辣能力颇为自豪，俗语说"湖南人不怕辣，贵州人辣不怕，四川人怕不辣"。在许多北美、西欧人的印象中，辣味也是中餐的标志性味道之一，中国人真的很能吃辣吗？

要讨论这个问题，我们先要把辣椒分为两大类，即主要用于蔬食的菜椒和主要用于调味的辣椒。根据中国农业部发布的资料，中国的辣椒产量世界第一，然而根据联合国粮农组织的资料，中国的辣椒产量排名世界第二，远少于印度，为什么会有这样的差异呢？

原来中国与联合国辣椒统计的口径是不同的，中国农业部对于辣椒的定义是茄科辣椒属（Capsicum，Solanaceae）的所有植物，因此在统计上包涵了并不含辣椒素的甜椒等产品，而联合国的辣椒统计则是以含有辣椒素（Capsaicin）的辣椒属植物计入的，因此统计的数值有很大的区别。以中国为例，农业部的资料显示 2015 年中国辣椒产量世界第一，但其中 90% 为不含或者含有很少辣椒素的蔬食品种。联合国粮农组织的分类则是将蔬食辣椒与干制辣椒分开，因鲜食辣椒一般作为蔬食的一种，干制辣椒则属于调味料，更能体现生产辣味调味料的情况，这种分类方式能更合理地表示生产的有辣味辣椒的数值。本书的讨论对象是作为调味品的辣椒，因此作为蔬

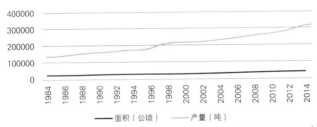

图 1-4 1984 年 ~2014 年中国（大陆地区）历年干制辣椒产量与种植面积[1]

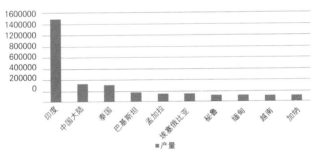

图 1-5 2014 年全球干制辣椒产量前十国家[2]

1　数据来自联合国粮农组织，FAO STAT，http://www.fao.org/statistics/en/

2　数据来自联合国粮农组织，FAO STAT，http://www.fao.org/statistics/en/

食的辣椒不在讨论之列。

　　2014 年中国干制辣椒产量 306871 吨，种植面积 45442 公顷，与 1984 年的 135000 吨，种植面积 25500 公顷相比，种植面积增加了约 2 万公顷，而产量则增加了约 17 万吨，可以看到单位产值的显著提高。2014 年全球干制辣椒产量 3818768 吨，种植面积 1688082 公顷，中国的产量只占 8% 左右，种植面积则仅占 2.7%。这主要是由于中国与干制辣椒生产的第一大国印度相比，有很高的单位产值；当然，中国单位面积上所使用的化肥和杀虫剂也远远高于印度。

　　考虑到出口和进口的情况，中国 2014 年出口干制辣椒大约 20000 吨，进口干制辣椒 2000 吨（从印度进口的高辣度品种）左右，那么中国国内消费的干制辣椒则为 288671 吨左右。中国国内的吃辣人口约有 5 亿人，占中国总人口的 40% 左右，那么吃辣人口的干制辣椒年均消费量仅为 580 克，若以 13.75 亿人口计，则人均消费量仅有 210 克左右。以辣椒调味的情况来看，其实中国是一个吃辣比较普遍，吃辣人口上升较快，但总体而言并不能吃得很辣的国家，印度、墨西哥、东南亚国家在吃辣的烈度上都大大超过中国，除去出口的数额，其中印度人年均干制辣椒消费量约为 800 克，墨西哥约为 520 克，泰国约为 700 克。因此中国人中吃辣的那部分人口，从宏观来说吃辣程度不如印度、斯里兰卡等南亚国家，也比东南亚

的泰国、缅甸、越南稍弱，大致与拉丁美洲国家的吃辣程度相当。

椒属植物下有五大常见的栽培品种，分别是一年生辣椒（Capsicum annuum）、灌木状辣椒（Capsicum frutesces）、浆果辣椒（Capsicum baccatum）、茸毛辣椒（Capsicum pubescens）、中华辣椒（Capsicum chinense）。中华辣椒在1776年被荷兰医师雅坤（N. von Jacquin）在加勒比海地区发现，他误认为这种辣椒来自中国，故而将其命名为中华辣椒。[1] 这五大品种中，以一年生辣椒最为常见，中国的杭椒、线椒、朝天椒都属于这一品种，几乎没有辣味的甜椒也属于这一品种。海南黄灯笼辣椒属于中华辣椒种，是世界上最辣的辣椒、娜迦毒蛇、哈瓦那辣椒、印度鬼椒都属于这一品种。其余的三种在中国很少栽培。

中国农业部计算辣椒产量时，一般将蔬食辣椒和作为调味料的辣椒合并计算，这样的计算方式造成了一些误解，蔬食辣椒中的一些品类是完全没有辣味的，如圆椒、彩椒，即使是有辣味的蔬食辣椒，其辣度亦远不如作为调味料的辣椒。不排除在中国饮食中一些蔬食辣椒在菜肴中有鲜品调味料的作用，但为了研究区分的方便和

1　丁洁在她的《蔬菜图说：辣椒的故事》一书中将"中华辣椒"改称为"黄灯笼辣椒"，因为著名的海南黄灯笼辣椒正属于此种辣椒，详见——丁洁：《蔬菜图说：辣椒的故事》，上海科学技术出版社，2018年版，第54-55页。

定义的准确，本研究中将蔬食辣椒与作为调味料的辣椒原材料区别看待。辣椒作为调味料主要有以下几种形态，从加工的简单到复杂依次是干辣椒、辣椒粉、辣椒酱。辣椒的辣素是辣椒素（Capsaicin），且只在茄科植物辣椒中有；蒜、葱、韭的辣素是蒜辣素（Allicin），分子式是不一样的，但是作用于人体的受体是一样的，因此吃起来都有相近的刺激感。姜的辣素成分很复杂，不单纯是触觉，花椒的麻的感觉也是一种触觉，来自于花椒 α 麻素（Hydroxy α-Sanshool），受体相同，但是产生的是 50 赫兹的震颤，因此有麻的感觉。蒜辣素受热容易分解，因此蒜和葱烧熟了就不辣了，辣椒素很稳定，因此熟了仍然很辣，这种特性就使得辣椒非常适于习惯将食材与调味料一同烹煮的中餐。

中国不同地区吃辣的程度差异很大，西南地区的饮食辣味极重，北方地区微辣，而东南地区几乎完全不辣。对于中国不同地区吃辣显著差异，西南大学的蓝勇教授提出了两种解释：其一是自然因素，即长江中上游地区冬季冷湿、日照少、雾气大，辛辣调味品有祛湿抗寒的功能，因此这一地区流行重辣；北方地区寒冷但干燥，日照时间较长，因此属于微辣区；东南沿海比较温暖，冬季虽然潮湿，但是日照仍然充足，所以淡食。其二是社会因素，主要是移民的原因，有吃辣食俗的移民迁入后会影响当地的饮食

风格。[1]蓝勇的论点中最有价值，也是引起争议最多的是日照时间与辛辣度联系的观点。

　　笔者认为蓝勇的日照说并不能解释这一问题，以全球视野来看，印度、墨西哥、东南亚这些日常食用辣椒比较多的地区，并非日照较少的地区，反而是阳光充沛、气温很高的地区。而北欧、加拿大这些日照不足、气温很低的地区，食用辣椒较少。因此日照说并不足以解释这一问题。

　　但蓝勇的研究也有其价值，如果我们把对辣味的文化隐喻加入考虑，那么是否由于中医将驱寒、祛湿的文化想象赋予了辣椒，从而影响了辣椒在中国饮食文化中的地理分布呢？因此本研究有必要探讨辣椒在中国的文化隐喻。辣椒被赋予的文化想象不仅仅来自中医，还有来自中国性文化和中国革命文化的赋意。同时，我们还有必要以文化比较的方法来考查辣椒，在其他文化当中，辣椒是否被赋予了相似的文化想象，抑或是完全不同的文化想象？来自不同文化对辣椒的想象，是否有互相借鉴的情况？即伴随着西方文化在20世纪的全球输出，其他文化是否参考了西方文化对于辣椒的文化想象？

　　笔者曾在2014年至2015年间在美国加州访学，因笔者善于烹

1　蓝勇：《中国饮食辛辣口味的地理分布及其成因研究》，载《人文地理》，2001年第5期，第84-88页。

饪，故友人时常邀笔者为宴会主厨，许多美国人惊讶于笔者准备的菜肴中并无辣椒，而使用了许多他们不知道的香料搭配，详询之，则当地人多认为有辣味是中国菜的特征。这也许是因为辣味突出的表征使得它能够掩盖其他的味道，使食客无法准确地感知其他调味料的存在。中国饮食是善于使用多种调味品的，从程度上说，当代某些地方（如西南和东北地区）的中国菜调味略重，但绝不仅仅是辣味，中国饮食漫长且不间断的历史，使得它的地域差异极大，口味也极为重叠繁复。中国饮食积累了近四千年来的尝试，一些文明早期形成的饮食习惯仍有保留，如上古就已有的韭菹传承至今成为华北还在广泛使用的韭酱。在漫长的历史中，不断有外来食物加入中国饮食，历史上有三个高峰时期：第一个是西汉时期出使西域，原产自中亚和西亚的胡椒、蒜、孜然、芝麻、小茴香都是这个时期进入中原的。第二个是盛唐时期，大量的产自印度和南洋的香辛料进入中原，有丁香、肉桂、豆蔻等数十种之多。第三个是明末清初时期，美洲原产作物进入中国，包括辣椒等茄科植物。可以说中国饮食是调味料的集大成者，历史上用过的，至今仍然常用；海外引进的，一样视同己出。而中国本土南北之距离也给予了种植这些调味料最好的环境，从热带到亚寒带的植物都可以在中国种植。可以说中国饮食的特点是一菜多味，百菜千味。

第 四 节

○

辣不是味觉

辣是一种痛觉，比赛吃辣实际上是较量忍耐疼痛的能
力，而夸耀这种能力实际上是通过展示忍受疼痛的能力从
而证明自己在身体对抗上占优势。

辣椒是以辛辣成为调味料的，但是我们常说的辣味其实并非一
种味觉，而是一种痛觉，这就是为什么人类身体没有味蕾的部位仍
然能感觉到"辣"。人的舌头能够感受到的味道只有酸甜苦咸四种，
人在摄食含有辣椒素的食物时，辣椒素通过激活口腔和咽喉部位的
痛觉受体，通过神经传递将信号送入中枢神经系统。通过神经反射，
心率上升、呼吸加速、分泌体液，同时，大脑释放内啡肽，使人产
生愉悦感。

内啡肽是可与脑内吗啡受体发生特异的结合反应而产生类似吗
啡作用的多种内生肽类物质，有镇痛和产生快感的效果。在人体受
到伤痛刺激，或者遭遇危险（如缺氧）时，脑内就会释放内啡肽以
对抗疼痛，并使人放松愉悦。

良性自虐机制（benign masochism）可以用于解释人为什么热衷
于吃辣椒，辣椒使人产生痛觉，从而欺骗大脑释放内啡肽，但又不
会使人处于实际的危险当中。这种机制与人热衷于乘坐过山车，或
是跳楼机，或是长跑（缺氧），或是看恐怖电影的机制是相同的。

都是欺骗大脑释放内啡肽而产生愉悦感的行为，又并不处于真正的危险当中，因此称为良性自虐。

辣椒还有止痛的功效，这一点很早就被中医发现并利用，现在以辣椒素为主要有效成分的止痛贴片仍然被广泛使用。辣椒素止痛的原理正在于痛觉受体，辣椒素会持续刺激神经细胞释放痛觉受体，导致细胞内此类物质耗竭，所以疼痛就得到了抑制。这种止痛方式不会成瘾，但只适用于风湿痛、外伤痛之类的疼痛，对内脏、三叉神经的疼痛无效，这是因为表皮、肌肉、关节的神经纤维与内脏不同。辣椒主要用作外用药品，贴剂、膏剂都很常见，治疗局部的关节痛、跌打损伤效果很好。

人类吃辣的行为与饮酒的行为有类似之处，都是通过对自我的伤害来获得同伴的信任的一种社交行为。学界对饮酒行为带来信任的解释是由于人类从血缘社会过渡到地缘社会时，遇见陌生人的概率大大提高，因此相互之间的交往要付出更高的"信任成本"，酒在这个时期作为一种昂贵的产品，劝酒就变成了一种牺牲自己的经济利益来换取同伴信任的行为。[1]随着工业化时代的来临，酒的制造成本大幅下降，酒精度也大幅提升，相互之间劝酒就变成了一种身

1　王勇、李占红：《饮酒习俗如何建构信任网络——以青海省互助县东河乡尕寺加村的经验观察为切入点》，载《原生态民族文化学刊》，2016，8（03）。

体上而不是利益上的"自伤"行为，共同喝酒这一行为也就隐喻着"我愿意和你一起接受伤害"，由此而产生同伴之间的信任。吃辣的行为和信任关系产生的机制与喝酒类似，但是吃辣并不导致持续的伤害，[1] 而只是产生临时的痛觉，共同吃辣的行为也就隐喻着"我愿意与你一同忍耐痛苦"，这种共情造成了信任的产生。

吃辣的行为还有一种炫耀忍耐痛苦能力的意义，在这层意义上，文身也有相似的作用。习武之人在比试以前往往向对方展示文身，表达的是"我在忍受痛觉上要比你更胜一筹"。俗话说，未学打架先学挨打，能够忍受痛苦显然能在比武的时候获得更大的优势。吃辣也是一种忍受痛觉的能力，这也是一种可以经过锻炼来培养的能力。一般来说，某人在长期吃辣以后，对辣造成的痛觉的忍耐能力会增强，也就是变得对痛觉较不敏感；反过来说，某人如果长期不吃辣，那么对辣的忍耐能力则会下降。因此吃辣也有着向同伴们展示自己有着更强的忍痛能力，而在身体较量中更占优势的意味。这就是为什么我们总喜欢探讨"哪里人最能吃辣"这样的问题，而不是去讨论谁吃得更甜或者更咸，正是因为吃辣的能力体现了忍受疼痛的能力，我们才会热衷于做这样的比较。

---

1 这只是在一般情况下，有肠胃疾病的人吃辣可能会导致疾病的恶化。

　　另外，观察同类的吃辣行为也会使我们获得满足感，这一点和我们喜欢观看暴力、恐怖场景有类似的心理机制。比如说在世界各地都经常发生的"吃辣椒比赛"以及前几年在社交网络上风靡一时的"冰桶挑战"，我们喜欢看别人忍受痛苦的场面，这可以归因于心理学所称的"阴暗人格"。我们无须避讳，每个人或多或少都有一些心理上的"阴暗面"，适度地满足这种心理反而可以使我们更加健康地生活。社会学研究表明，观看暴力场景的电影，玩暴力内容的游戏，与人们在实际生活中的暴力行为有着负相关的联系。如果把吃辣这种行为，放在心理学的"施虐 / 受虐"的维度下进行考虑，那么我们很容易发现痛苦与人类心理之间的普遍联系。

　　虽然辛辣并不是味觉，但由于人们长期习惯于称呼辛辣的刺激感为"辣味"，本书中亦沿用这一习惯性表述，读者们在阅读本书时可以将"辣味"视为一个词组，表达的意思是"进食辛辣食物带来的感官刺激"。英文中的 pungency 一词用于形容辛辣食物的特质，与中文中"辣味"的意义相近，但没有味觉的意思。这一表述通常只在学界使用，英语日常用语中形容辛辣食物特质常用 hot（热的）或 spicy（富有香料味的）来表达。常见的调味品中具有广义上的辣味的不仅仅有辣椒，还有姜、胡椒等调味品，本书讨论的对象是辣椒以及其作为调味料的辛辣特质，即来自辣椒的辛辣（pungency）。

　　国际通用的辛辣测量指标，即史高维尔指数（Scoville heat scale），是对辣度的量化表达。这种测量方法是美国药剂师威伯·史高维尔（Wilbur Scoville）于 1912 年发明的，具体方法是将一定重量的干制辣椒研成粉末，使其溶于酒精（辣椒素可溶于酒精），以固定浓度的糖水不断稀释辣椒的酒精溶液，直到五个经过特定训练的受试者中至少有三个完全尝不出辣味。如果所用的糖水重量与干制辣椒重量相等，那么即为 100 史高维尔单位（Scoville Heat Units，以下缩写为 SHU），如果所用的糖水重量十倍于干制辣椒重量，那么即为 1000SHU。[1] 史高维尔指数属于主观测试法，有可能因为受试者的敏感度不同而不能得出精确的结果。不过史高维尔指数虽然有主观因素干扰，但其指数也相当可靠，与此后的完全客观测量法所得出的结果相差极小，在饮食文化研究的语境下，这种细微的差距并不足以影响研究的有效性。

　　1980 年开始，美国香料贸易协会采用了一种更为精确的测定辣椒素的方法，即高效液相色谱法。这种方法能够完全排除主观因素的干扰，从而得出更精确的辣椒素含量，这种测量方法得出的指数叫美国香料贸易协会辛辣指标（American Spice Trade

1　Peter, K.V.Handbook of Herbs and Spices. Elsevier Science，2012.p.127.

表 1-1 中国常见辣椒及辣椒制品的辣度

史高维尔指数	辣椒及辣椒制品
444133	云南德宏潞西"象鼻涮涮辣"（干制）
170000	海南黄灯笼辣椒（干制）
50000-100000	七星椒（干制）
30000-48000	朝天椒、鸡心椒（干制）
12000-20000	海南黄灯笼辣椒酱
10000-20000	重庆石柱红（干制）
史高维尔指数	辣椒及辣椒制品
10000-18000	天鹰椒（干制）
5000-10000	贵州灯笼椒（干制）
5000-8000	四川二荆条（干制）
4000-5000	老干妈风味豆豉油辣椒
2500-5000	辣豆瓣酱、油泼辣子
2500-5000	塔巴斯科辣椒酱（普通版）
2000-3000	桂林辣椒酱
2000-2500	湖南剁辣椒
1000-2500	是拉差香甜辣椒酱
500-1500	红油火锅汤底
500-1000	羊角椒
200-800	杭椒
0-5	圆椒

Association Pungency Units），此指标的 1 单位约等于 16 史高维尔单位，因此可以相互换算。但是这一方法较为复杂，测试的成本也比较高，国际范围内并不普及，因此现在国际通用的测量方法仍是史高维尔指数。

从上表我们可以发现，大部分的干制加工型辣椒辣度都在 10000 单位以上，蔬食辣椒的辣度一般在 1500 单位以下。中国的辣椒调味品由于加入了盐、油和其他成分，辣椒酱的辣度一般比干制加工型辣椒略有下降，常见的辣椒酱辣度一般在 2000–5000 单位。

第 五 节

中国——辛香料大国

中国是个辛香料使用大国，当今中国饮食中常用的辛
香料既有原产于华夏故地的本土原产品种，也有许多种类
来自各个世代与世界其他地区的交流和贸易。

原产自中国的辛香料，至今常用的有姜、花椒、葱、韭菜这四种，
基本上可以确定原产于华夏故地，有文献记载的资料可以上溯到西
周时期。不过即使是这四种辛香料中的三种，即姜、花椒、葱亦不
一定被华夏先民认为是土产。

《史记·货殖列传》中有"千畦姜韭，此其人皆与千户侯等"
的记载。可见当时姜韭是重要的经济作物，姜[1]的原产地很可能在江
淮一带，然而西周时期的江淮地方仍然被视为化外之地，其人被称
为淮夷，《诗经·鲁颂·泮水》中有"明明鲁侯……淮夷攸服"的
记载，可见淮夷的势力范围北面与鲁国接壤。"姜"字从疆，疆本
是田界的意思，引申义为领土边界，姜很有可能来自当时华夏的边界，
同时又有"御湿之荣"，因此从疆。

花椒的原产地大致在秦岭一带，《诗经·周颂·载芟》中有"有

1　简化字"姜"合并了"姜""薑"二字，然而二字字源和意义完全不同，姜是古代
氏族名，后作为姓氏；薑是植物名，《本草纲目》引王安石《字说》"薑能疆，御百邪，
故谓之薑"。

椒其馨，胡考之宁"的记载，但是西周时期华夏先民的势力还没有深入到秦岭山区，因此在那个时期花椒很可能也被华夏先民视为一种外来的产物。

葱大约在春秋时期进入中国，《管子·戒》中载："北伐山戎，出冬葱与戎菽，布之天下。"所谓冬葱就是现代大葱的原始品种，而戎菽的字面意思就是戎族的大豆，据《尔雅·释草》记载："戎叔，谓之荏菽。"郭璞注："即胡豆也。"山东人好吃葱，山东是大葱的主要产地，历史可以追溯到春秋时期。

韭是三者中唯一可以确定为华夏先民土产的作物。"韭"字是个象形的独体字，上面是两片韭叶，下面的一横代表地面。在汉字中，独体字出现较早，是汉字造字系统的核心，因此凡是以独体字命名的事物一般可以认为是华夏族早期就认识了的事物。韭在古代作为调味料时一般以韭菹的形式出现，《周礼·天官》中有载："醯人，掌四豆之实，朝事之豆，其实韭菹……"这里的豆是指古代盛副食的器皿，盛放韭菹的是一种小型有盖碗的形器，是用来放蘸食调味料的。韭菹是以醯酱腌渍之韭菜，醯酱是加了香料的醋。以韭菜制酱至今仍有，在华北很普遍。

茱萸曾经是中国人很重要的辣味来源，现在已经几乎不用了，大概是因为它虽辛辣但有苦味。《本草纲目》载："（食茱萸）味

薑是中国的传统物产，早在上古时期就已经在中国各地普遍种植，是古代中国调味中辛味的主要来源。

辛而苦，土人八月采，捣滤取汁，入石灰搅成，名曰艾油，亦曰辣米油。味辛辣，入食物中用。"《礼记·内则》中有"三牲用藙"，藙就是古代的辣油，《说文解字注》说用茱萸籽实一升和十升动物油脂就可以做出"藙"，是用来蘸猪牛羊肉吃的佐料，跟今天的辣椒油的用法有异曲同工之妙。

外来的农作物进入中国有三波高潮，第一波是张骞出使西域时带回了大量的外来物产，如胡荽（芫荽）、胡蒜（大蒜）、胡桃、胡麻（芝麻）、胡瓜（黄瓜）、苜蓿、葡萄等。第二波是唐代置安西都护府，外来物产经由唐帝国保护的丝绸之路来到中原，这一波引进的外来物种有菠菜、西瓜、茉莉花、胡椒、开心果、胡萝卜等，前两波引进的外来物种大多带有"胡"字。第三波是明代中后期，这个时期美洲大陆被发现，大量的农作物被欧洲人带回欧亚大陆，中国也在航海大发现时代得到了这些物产，包括辣椒、番茄、茄子、马铃薯、番薯、菠萝、玉蜀黍（玉米）、番豆（花生）、葵花、南瓜、腰果、豆角、烟草等原产于美洲的作物。这一波进入中国的外来农作物多带有"番"字，而清代以后进入中国的外来作物多带有洋字，如洋白菜、洋葱、洋蓟。农史学家石声汉教授曾对域外引种作物名称做过分析，认为凡是名称前冠以"胡"字的植物，大多为西汉至西晋时由西北引入；冠以"番"字的植物，大多为南宋至明时由"番

舶"引入；冠以"洋"字的植物，大多是清朝以降引入的[1]。前两个
高潮是经由陆路，而后两个高潮则是经由海路，这也与世界格局由
陆权转向海权密切关联。前两波外来农作物传入中国以后，中国北
方是最先接触到这些外来作物的区域；而后两波外来农作物传入中
国则以中国南方为传播的起点，因此从这里我们也可以看到中国经
济重心从关中、华北向江南、华南的转移。宋代以来，中国大量地
接触到来自东南亚的辛香料，如丁香、豆蔻等，但是由于气候的原因，
一般只能作为外来的贸易品输入中国而难以在中国本土栽培，从这
里我们也可以看出作物传播过程中受气候的影响，以纬度方向传播
的作物得以迅速地在同纬度的异地扎根，而以经度方向传播的作物
则异常艰难。因此历史上欧亚大陆东西方向的作物交流往往要比南
北方向的作物交流更为常见，贾雷德·戴蒙德在他的《枪炮、病菌
与钢铁》中说："粮食生产传播速度差异的一个重大因素是大陆的
轴线方向：欧亚大陆主要是东西向，而美洲和非洲则主要是南北向。"[2]
其实不仅仅是粮食作物，包括香辛料在内的经济作物也很受气候的
局限，因此南北贸易的价值往往要大于东西贸易。

1　石声汉：《石声汉教授纪念集》，西北农学院文集编辑处，1988 年版。

2　[美]贾雷德·戴蒙德 著，谢延光 译，《枪炮、病菌与钢铁》，上海世纪出版集团，
2006 年版，第 172 页。

茱萸

　　汉代是外来农作物大量进入中国的一个时期，辛香料中的芜菁、蒜都是在这个时期引进的。《本草纲目》中有："张骞使西域始得种归，故名胡菁。"芜菁原产于地中海地区，蒜原产于欧洲南部及中亚地区。因古时对西域称"胡"，故芜菁原名胡菁，大蒜又名胡蒜。我们现在一般把蒜和芜菁的引进直接与张骞出使西域的历史事件联系起来，然而笔者认为这些作物并不一定是张骞两次出使时直接带回，而是张骞凿通西域以后，汉帝国向西扩展成功带来的一个持续的历史进程。张骞出使西域带有强烈的政治目的，经济目的只是次要的，而汉帝国置西域都护府以后，能够维持中国与西域的贸易路线的通畅和安全，才是作物交流的重要条件。汉代引进的作物大多引自中亚地区，由于中亚地区本就有与地中海地区的贸易，因此一部分原产自地中海地区的作物也借此进入中国。

　　唐代是另一个中国引进外来农作物品种的重要高潮期，辛香料中的胡椒、肉桂、茴香就是在这个时期引进的。胡椒、肉桂原产自印度，中国本土也有桂皮，品种与印度不同，一般在中药中使用的桂皮是指中国桂皮，而在调味料中使用的肉桂则是指锡兰肉桂；茴香起源于地中海地区。唐代作物引进的特点是比汉代进一步扩大了引进的地域范围，延伸到了印度和地中海地区。唐代与印度贸易的通道有两条，一条是从印度河流域向北进入葱岭地区，再折向东进入唐帝国；

另一条是经海路过马六甲海峡进入华南。此时的航海技术已经可以支持较长距离的航行，但是导航技术和造船技术尚不能支持远洋航行，因此必须航行在贴近陆地的近海。

　　明中后期是来自美洲的作物大举进入中国的时期，美洲作物的传入对中国的农业生产和人民生活产生了极为深远的影响，继而影响了中国此后四百年的经济和政治格局，可以说这一波的农作物传入彻底改变了中国的历史走向，因此美洲作物传入的历史怎么强调也不为过，也是值得深入研究的，而学界在这方面的研究成果也很丰富，笔者在此简要地叙述各家的观点和论据。玉米、番薯、马铃薯这三种粮食作物在传入中国以后，在干旱地区以及不便灌溉的丘陵、山地等地区广泛传播，使得可利用的土地面积大幅增加，从而导致人口的激增。然而由于对土地的过度开发，也导致了严重的水土流失问题，造成环境恶化，导致自然灾害频发，饥荒又导致民变，从而严重影响了明清政权的稳定。同时，美洲粮食作物的引进也导致了中国农业的"内卷化"（involution）。美国人类学家吉尔茨（Chifford Geertz）提出的内卷化是指一种社会或文化模式在某一发展阶段达到一种确定的形式后，便停滞不前或无法转化为另一种高级模式的现象。[1] 在中国，通过在有

1　Geertz, Clifford.Agricultural Involution: The Process of Ecological Change in Indonesia. University of California Press, 1963.

限的土地上投入大量的劳动力来获得总产量增长的方式，即边际效益递减的方式，没有发展的增长即"内卷化"。

美洲经济作物的引进中比较重要的有烟草、花生、葵花、美洲棉这四种，烟草改变了中国清末以来的政府税收，至今烟草税仍是中国财政收入的大项。花生、葵花改变了中国油料作物的构成，进一步改变了中国饮食的口味。美洲棉的引进是近代中国社会经济发展的重要动力，也引发了一系列的社会变迁和农业经营方式改变。美洲副食作物对中国影响比较大的主要有番茄、辣椒、南瓜。辣椒彻底改变了中国饮食的口味特征，并且进一步影响了中国的族群认同、审美取向和符号象征体系，本书的研究重点即在于此。同时这几种作物也大大改善了中国夏季蔬菜"园枯"的情况，尤其是番茄成为中国夏季重要的蔬菜品种，南瓜则成了南方农民度过灾荒、缓解口粮压力的不二之选。

中华文明有着开放和保守的二元性特征，一方面中华文明善于向其他文明学习，积极引进外来品种；另一方面中华文明也是保守的，对待外来事物持谨慎的态度，在经过比较长的时间了解外来事物的特性后才会有所保留地接受。这种矛盾的二元性恰恰是中华文明高度成熟的表现。假如一个文明过于开放地对待外来事物，一种结果是外来事物迅速进入这个文明的社会生活中，造

成剧烈的结构性变化，导致这个文明的内部结构出现动荡，原有的社会经济结构无法在短时间内调适，从而导致文明的崩溃；另一种结果是这个文明全盘地接受外来事物以及其背后的社会经济结构，从而导致完全地变成另一种文明。无论是完全崩溃还是全盘变成另一种文明，两种结果都会导致这个文明的消亡。过于保守的文明完全拒绝外来事物，无法跟随外部情况的变化而发展自身，从而被外来文明或者外部力量所消灭，这种特征也会导致文明的消亡。[1] 在殖民主义盛行的时代，我们可以看到亚非许多古老文明都在开放和保守之间艰难地选择自己的道路，过于保守的往往亡于外部势力；过于开放的往往迅速被殖民帝国所吞并，例如西非和东南亚的古王国。中华文明有着悠久的对外交流历史，因此在引进外来事物时一方面是积极的，即外来事物往往能够很快地进入中国，进行小范围的试用。但是在利用和扩散外来事物方面又是保守的，外来事物往往需要很长的时间才能融入中国文化，且在融入的过程中，始终有强大的保守势力警惕地对待外来事物随时有可能出现的不利影响。这种开放与保守的二元性恰恰是中

1　没有一种文明是完全保守或者完全开放的，只是在保守和开放之间调适的程度不同，而在不同的历史状况下，同一文明也会有不同的调适程度。一般来说，中华文明在力量对比中处于优势的时候偏向于开放，而在力量对比中处于劣势的时候偏向于保守。

华文明得以长存于世的矛与盾，以渡河来比喻，中华文明勇于迈出第一步入水，但是入水以后行进过程中又非常谨慎。

第 六 节

辣椒进入中国饮食

　　辣椒传入中国以后，最早出现文字记载的是在浙江，然而在中国人得到辣椒以后的相当长的时间内，辣椒并未进入中国饮食，而是作为观赏花卉在小范围内栽培。辣椒是怎样进入中国饮食的呢？中国人是在怎样的历史背景下重新发现了辣椒的食用价值？

　　辣椒在进入中国后很长一段时间里并不被当时的国人当成一种食物，辣椒能够作为食物的信息在作物传播的过程中也许是偶然失落了，也许是人为地被排除了。从现存的历史资料，主要是方志和笔记中，我们可以发现一些辣椒进入中国饮食的历史线索。

　　康熙六十年（1721 年）编成的《思州府志》载"海椒，俗名辣火，土苗用以代盐"。

　　这是辣椒最早用于食用的记载，在全国的方志中，只有康熙十年（1671 年）的浙江《山阴县志》和康熙二十三年（1684 年）的湖南《邵阳县志》中提及辣椒，且比贵州的《思州府志》要早，但是这两处记载皆未言明辣椒可以食用，因此中国现存最早的食用辣椒记载，即《思州府志》。这段记载中还提到两个非常重要的信息，一是辣椒的食用是"代盐"的无奈之举；二是食用辣椒是从土民和苗民中首先流行起来的。

康熙年间田雯的《黔书》卷上载："当其（盐）匮也。代之以狗椒。椒之性辛，辛以代咸，只逛夫舌耳，非正味也"（此处"狗椒"即辣椒）。

这里补充说明了辣椒食用的背景是缺乏食盐。

乾隆年间《贵州通志·物产》载"海椒，俗名辣角，土苗用以代盐"。

乾隆年间《黔南识略》载"海椒，俗名辣子，土人用以佐食"。

乾隆年间的记载进一步证实了贵州是辣椒食用的起点。

贵州思州府最早出现"土苗以辣代盐"的记载并非偶然，而是当地居民在反复尝试过多种代盐之物后的无奈选择。因此笔者认为辣椒广泛地进入中国饮食，当始于贵州省。方志记载辣椒种植的时序也证实了这一点，贵州最早有辣椒的记载始于 1721 年（《思州府志》），在西南诸省中最早。而贵州东邻湖南，方志中有辣椒的记载始于 1684 年（《邵阳县志》），仅次于最早的浙江（1671 年《山阴县志》）。因此辣椒的传入应该是浙江——湖南——贵州，贵州是传播的重要节点，在贵州，辣椒完成了从外来新物种到融入中国饮食的调味副食的过程。

由此笔者猜测辣椒极有可能由浙江通过长江航道贸易输入湖南，但湖南邻近长江航道的东北部最初并没有广泛地食用辣椒，很有可能仅作为观赏。经过几十年的缓慢传播，辣椒从湖南东部地区逐渐传入西部，其重要的贸易节点很有可能是常德，然后由常德向

辣椒传入中国内陆后，其辛辣的特质在严重缺盐的贵州得以大放异彩，成为贵州人代盐的新选择。

西经沅江贸易传播入苗族土司地区，大约在今辰溪一带，然后由此溯潕水而上进入贵州，即思州府辖区。清康熙时期，思州府辖四长官司：都坪峩异溪蛮夷长官司、都素蛮夷长官司、施溪长官司、黄道溪长官司，此四长官司皆沿思州河（今称龙江河）而设，辖区大约是今天的岑巩县西南和镇远县东北，旧思州府治位于今岑巩县的思旸镇，辣椒在这里完成了从不可食之物到可食之物的重大转变，并形成小范围的吃辣风尚。

笔者曾在湘黔交界地区进行过田野调查，但并没有实地考察的证据证明岑巩县附近是中国饮食中使用辣椒作为调味料最早的原点。当地吃辣的饮食习惯跟周边地区相比并无特异，也许是经过近三百年来的融合和散播，食用辣椒的初地与周围的饮食文化已不可分辨地融为一体了。唯一可以考察到实据的是沿舞阳河的确有一条古代商路，直到近二十年来修通公路以前一直是本地最为重要的贸易通路，但此一带山高滩险，贸易往来艰难且规模不大，沈从文所写的《边城》便是这一带临近湖南一侧的贸易市镇的面貌的反映。经由这些穿越崇山峻岭和激流的山路，这股新的吃辣椒的风尚向东又传回湖南，向西传到渝州、入川，向南进入云南。

辣椒在传入中国之初并未作为食物，而是经历先作为观赏作物，然后作为药物的历程。辣椒在中国被用作食物最早的文献记载出现

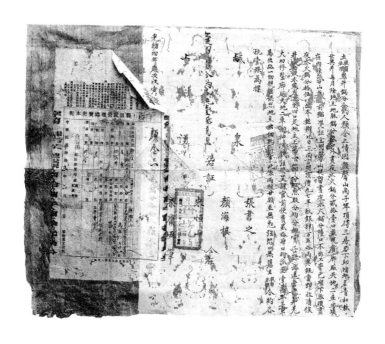

图 1-6
中国档案文献遗产名录，第二辑，四川自贡盐业契约档案文献。

在贵州省的方志中。中国各地方志中对辣椒的记载依次出现在贵州以及与贵州相邻的省份，即辣椒出现在了各地方志的"物产志"中，到了 20 世纪初，食用辣椒的习惯大致已经传播到长江中上游多数地区；云南、四川、湖南、湖北、江西这几个省的农村地区几乎全部食辣。

康熙年间，辣椒开始进入中国人的饮食之中，但是食用辣椒的地理范围还很小，仅限于贵州东部和湘黔交界的山区，仅仅有几个府、县的范围。从明万历末年间（16 世纪 90 年代）到清康熙中叶（17 世纪 90 年代），其间大约一百年的时间，是辣椒从外来植物转换身份而成为中国饮食中的调味料的过程，转换的动因很可能与黔省缺盐、以他物代盐的客观情况有关。由于这一时期处于明清鼎革之际，战争和灾荒造成了社会的极度不安定，因此这一时期有关辣椒的文献资料保存下来的很少，很难找到连贯的历史资料印证辣椒在中国传播的路径。这一时期辣椒在中国各地的名称还很不稳定，也从一个侧面说明辣椒尚未成为人们生活中常见的物产。番椒、辣虎、辣角、辣茄等异名逐渐统一于辣椒这个通名，反映出辣椒在中国人的生活中普及的历史进程。不过，早期辣椒在中国的名称不一致，也给这个领域的研究者们带来不少困扰。

辣椒的各种名称不完全整理如下：

辣椒在清代中国的扩散有一个由缓慢而逐渐加速的过程，大致

上康雍乾时期的扩散很缓慢，从嘉庆时期开始逐渐加速扩散，也就

表 1-2 辣椒在中国各地的不同名称（不完全统计）

异名	时间	地点	出处
辣椒	万历二十六年	南直隶	《牡丹亭》"辣椒花，把阴热窄"
	雍正十一年	广西	《广西通志》"每食烂饭，辣椒为盐"
番椒	万历十九年	浙江	《遵生八笺》"番椒丛生白花"
辣角	康熙十二年	直隶	《南皮县志》"野生落藜…辣角"
海椒	康熙二十三年	湖南	《宝庆府志》"海椒"
	康熙六十一年	贵州	《思州府志》"海椒，俗名辣火，土苗用以代盐"
	同治十三年	四川	《会理州志》"海椒，《花镜》番椒，——名海疯藤，俗名辣茄，又名辣子"
辣茄	康熙三十三年	浙江	《杭州府志》"又有细长色纯丹，可为盆几之玩者，名辣茄，不可食"
辣虎	乾隆四年	浙江	《湖州府志》"辣虎，一作火"
秦椒	乾隆九年	陕西	《直隶商州志》"番椒，俗呼番椒为秦椒，结角似牛角，生青熟红，籽白，味极辣"

是说从 19 世纪开始，辣椒在中国饮食中加速蔓延，到了 20 世纪初，辣椒的食用范围已经从贵州向北扩散到湖北西部；向东扩散到湖南、江西；向南扩散到广西北部；向西扩散到渝州、四川、云南。在 20 世纪初，业已形成了一个以贵州为地理中心的"长江中上游重辣地区"。辣椒的扩散是伴随着中国农业的"内卷化"进程的，人口的增殖使得缺地的农民的副食选择越来越少，不得不将大量的土地用以种植高产的主食，辣椒作为一种用地少，对土地要求低，产量高的调味副食受到越来越多的小农青睐，这构成了辣椒在南方山区扩散的主要原因。嘉道咸时期辣椒的名称基本上已经固定，在川滇黔地区，多以"海椒"名之；在华北和西北，多以"秦椒"名之；在东南沿海诸省，多以"辣椒"名之；虽然这一时期的异名仍然很多，但基本上都能明确所指，这说明中国人对辣椒的认识已经完成了概念性界定，辣椒已经成为中国饮食的一部分。

辣椒在南方山区贫农中受到欢迎，这种情况也给辣椒打上"穷人的副食"的阶级烙印，这种印记使得辣椒难登大雅之堂，即使在传统食辣区域以内大型城市和官绅富户之家，食辣也并不普遍。直到 1911 年以后接踵而至的一连串革命打碎了中国旧有的阶级饮食格局，使饮食格局出现了碎片化的情况，这才使辣椒有了被社会各阶层接受的前提条件。从一方面我们可以说饮食阶级藩篱被

打破了，从另一个方面我们可以说中国的阶级格局本身也遭遇了重新洗牌。

　　中国饮食阶级结构的碎片化给予了辣椒翻身的基础，但辣椒真正在中国饮食中蔓延至全国范围，还要等到1978年改革开放以后。从1978年至今，中国迅速的城市化进程使得数以亿计的移民进入城市，移民们创造了覆盖中国近半人口的"城市辣味饮食文化"，这种情况的出现有着多方面的原因，其中最重要的有二，其一是食品的商品化使得廉价的调味料大量充斥市场，而以辣椒为主要材料的重口味调味料能够覆盖质量不好的食材较差的口味，这样就使得廉价的辣味菜肴得以在收入不高的移民中流行起来，这些刚刚进入城市的移民有着较多的外餐需求，在城市中根基未稳的移民也有着更多的社交需求，辣味菜肴和辣味餐馆得以满足移民的诸多需求，因此移民的出现是辣味盛行的主要原因。其二是旧有的饮食文化格局已经被打破，新兴的城市市民阶级无法直接仿效旧贵族的饮食文化，从而使得饮食的阶级格局模糊而混乱，辣味菜肴得以打破旧有的成见而获得广泛的认可。其他原因包括中医对辣椒的认知、辣椒含有的性暗示隐喻、辣味饮食烹饪方法易于为无技术移民所学习等。

　　从人类学的角度来说，辣椒进入中国的四百年，正好可以被分成四个阶段：第一个百年（1600—1700）是由"不可食"变成"可食"

蒟酱是史籍中记载的珍贵辛味调味品，但到明代李时珍撰写《本草纲目》的时候，对于蒟酱的原料和制法已经不太清楚了。《史记·西南夷列传》中有"南越食蒙蜀枸酱，蒙问所从来，曰'道西北牂柯，牂柯江广数里，出番禺城下'。蒙归至长安，问蜀贾人，贾人：'独蜀出枸酱，多持窃出市夜郎'"的记载这里所写的"枸酱"，应与蒟酱是同一种东西，而写法有差异罢了。

的阶段，这是辣椒进入中国饮食的第一阶段，中国人重新发现了"作为食物的辣椒"；第二个百年（1700年—1800年）是辣椒在地域饮食中缓慢扩散的阶段，在这个阶段中，更多的中国人接触到了作为食物的辣椒，并且以自己的方式为辣椒命名，对其进行经验性的概念总结，形成了中医对辣椒的认知，并用类比隐喻的方法，使得辣椒借用了中国原有辛味调味料的经验性概念；第三个百年（1800年—1900年）是辣椒在地域饮食中迅速扩散的时期，在这个阶段中，中国人对辣椒的理解开始超越经验性概念的范畴，进入了符号化概念阶段，虽然这些概念往往早已有之，只不过转借予辣椒罢了，但这个阶段也使得辣椒的地域版图得以相对稳定，形成了现代中国人所认知的"传统食辣区域"；第四个百年（1900年—2000年）是辣椒在中国饮食中全面蔓延的阶段，革命和移民赋予了辣椒新的、原生性的、符号化的概念，使之在中国政治经济格局剧变的20世纪中脱颖而出，成为中国饮食中的重要一部分。

第 七 节

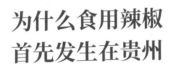

为什么食用辣椒
首先发生在贵州

　　辣椒传入中国以后，首先接触到辣椒的东南沿海、较早接触到辣椒的中部交通枢纽省份都没有发现辣椒的食用价值，反而是偏处内陆一隅的贵州省最早出现了食用辣椒的记载，这背后的原因是什么呢？

　　要知道辣椒是怎样成为一种食物的，必须先认定辣椒在饮食中的地位，无疑辣椒是属于副食的一种，而副食是边缘化的，可以增减的，可以体现口味偏好和阶级差距的，辣椒体现的副食价值尤为突出。然而副食又可以被细分为两种类型，一种是以摄取食物的营养价值为目的的，如肉类、甜食、菜蔬、水果之类，还有一种是以调味为目的而食用的，如泡菜、油制辣椒、酱油、豆豉、豆腐乳之类，特征是味道极重，很难单独食用，一般用以佐食主食。依据方志的记载，辣椒在中国西南地区普遍作为重要的调味副食，且辣椒在西南地区广泛种植时间大多可以上溯到清中期（嘉庆、道光、咸丰年间，1796 年--1861 年）。因此我们有必要解答：为什么辣椒在这一时期可以成为重要的调味副食？

　　对中国主食和副食关系的历史考查，离不开对粮食生产能力和中国农民生活水平的理解。以中国农民的生活实践来看，田地的面积和产出、赋税的多寡决定了农民的主食和副食比例。

所幸历史学家已经对中国历代土地制度有了丰富的研究成果，由于辣椒进入中国饮食发生在明清两代，因此本书只参考了相关时期的历史学研究成果。梁方仲先生的《中国历代户口、田地、田赋统计》中提到：从明代到清末，粮食的平均亩产是稳定而略有提高的，但是因为人均土地拥有量的不断下降，尤其是嘉庆中期竟只有万历时的半数以下，从而造成农民人均粮食产量的不断下降。如明万历时，平均亩产除本身食用，还可向社会提供 458 市斤[1] 商品粮，而后乾隆时降至 441 市斤，嘉庆时只有 121 市斤，光绪时只有 50 市斤了。以一家五口计，全年

表 1-3 明清各时期人口数和人均田亩数估算[2]

年份	人口数 （官方数据）	总耕地面积 （亩）	人均耕地面积 （亩）
1655 年（顺治十二年）	14,033,900	387,756,657	27.63
1711 年（康熙五十年）	24,621,324	693,090,270	28.15
1734 年（雍正十二年）	27,355,462	890,146,733	32.54
1753 年（乾隆十八年）[2]	102,750,000	707,947,500	6.89
1766 年（乾隆三十一年）	208,095,796	740,821,033	3.56

1　本节中所有"市斤"指清代之市斤，约当公制 600 克，下不赘注。

2　根据梁方仲先生《中国历代户口、田地、田赋统计》整理。

余粮不过250市斤，以清末平准价格计算折银约三两，应付婚丧嫁娶、生老病死，以及其他额外费用，显然难以为继，这就需尽量压低口粮标准。[1]

在人口激增，耕地面积并无太多增加的情况下，农民不得不尽量压低口粮标准，这种情况体现在食物的组成上，显然就会更加偏重于主食的生产。清末一般情况下认定每年人均口粮大约是350市斤，即约210千克。联合国粮农组织1975年划定的粮食安全标准人均消费量为400千克，而中国的人均粮食消费量一直低于这个标准，直到1984年才超过390千克，此后缓慢稳步提升。也正是在这一时期，中国政府才放弃"以粮为纲"[2]的政策，鼓励多种副食农业发展。

1　从1734年到1753年，短短二十年时间，人口不可能增长近四倍，这其中的关键在于雍正年间至乾隆初年推行的"摊丁入亩"政策，由于将人头税并入土地税，使得人民不需要为逃避征税而隐匿人口，导致官方统计时人口大幅增加。相对地，由于将各种税赋归入土地税，导致田亩数出现了下降，但一般认为这种情况只是减去了原来虚报的田亩数，而更加接近真实的情况，因为田亩是难以隐匿的。总而言之，表1-3中1753年和1766年的数据可能更接近史实，而1655年、1711年、1734年的数据只能略作参考。

2　以粮为纲是1958年以来中国政府的农业生产基本方针，直到20世纪80年代终止。其思想与中国古代法家的"耕战"、儒家的"士农工商"划分实出同源，都是在生产力不足的情况优先主粮生产的实践总结。

以笔者在中国南方田野调查的经验来看，农民们的口述历史中，一般也认为自 20 世纪 80 年代中期以来，粮食短缺的问题才得到解决，此前则一直处于粮食短缺的状况，体现在饮食组成上则是大量地食用主食，副食种类极少，且调味副食居多。调查中常有农民说，以前一顿饭没有油水，没有肉，光是吃米饭，一顿吃半斤米都不饱；现在一顿饭有菜有肉，油水也多，吃米饭二三两就饱了。从这段话里我们可以看出中国农民对于饮食组成的基本认知——主食是中心，不可缺少，如果粮食不足就优先保证主食；副食是边缘，如果有充足的粮食保证副食的供应，那么副食的种类和质量提升则可以体现经济地位的改善。

　　长期的粮食短缺，造成了中国饮食的独特风格，即少肉食、多菜蔬、重调味的风格。众所周知，在中国内地农业条件下，豢养家畜需要消耗大量的粮食，因此中国农民的肉食一直比较少。菜蔬占地不多，消耗的精力也有限，随时可以采摘，显然是副食的不二之选，因此菜蔬在中国饮食文化中有特别重要的地位，以至于原来专指"草之可食者"[1]的"菜"，成为副食的通称。在粤语中，仍用"餸"表示下饭的副食，"菜"仍专指菜蔬。由于大量地食用主食，缺少副

1　《说文解字》：菜，草之可食者，从草采声。

小知识

随着清初"康乾盛世"人口的大量增殖，中国各地的人地矛盾越发紧张，可耕土地被开发殆尽，人们严重缺乏副食。在这种情况下，中国饮食开始呈现出以大量咸菜佐餐的高度农业内卷化风格。

食，调味品就成为非常重要的饮食组成部分，因此中国饮食中素来有酸菜、豆腐乳、辣椒酱之类的重口味调味食品作为副食的传统。在一些贫困山区调查时，我们至今仍可以看到当地人以少量的咸菜、辣椒之类的调味副食佐食大量的主食。在粮食不足的情况下，牺牲副食而保障主食的供应无疑是一种现实的办法，而采用重味道的调味副食来佐餐，也就是汉语中常说的"下饭"，是一种廉价而实际的大量进食主食的办法。

中国饮食中用以"下饭"的调味副食大致上可以分为三类，即酸味、咸味和辣味，且可以相互搭配。在西方副食中最受欢迎的甜味在中国饮食中却处于相对弱势，甜味元素在饮食中的地位则是很值得探索的。根据联合国粮食及农业组织 2018 年的数据，[1] 中国人均每年消费 14 千克左右的糖，与 1990 年的 7 千克相比已经翻倍，但与北美和欧洲人均每年消费 40 千克左右的平均值还有很大的差距。即使在东亚，日本和韩国的糖消费量（分别为人均每年 18 千克和 32 千克）也远远高于中国，可见中国人之不嗜甜。甜味由于主要来自相对高价的糖，工业时代以前在平民的饮食中并不普及，而中

1　Chapter 5. Sugar, OECD-FAO Agricultural Outlook, 2018-2027, FAO.ORG.2[美] 西敏司：《甜与权力：糖在近代历史上的地位》，朱健刚、王超 译，商务印书馆，2010年版，第 13 页。

国真正进入工业时代是近几十年来的事情，因此甜味在中国饮食的传统中并不突出，除了少数宫廷菜和官府菜用糖较多，糖在平民饮食中通常只出现在年节食品中。与较早进入工业时代的英国和美国饮食相比，中国饮食中甜味元素是较为薄弱的，体现在甜品的种类较少，软饮料的种类也不多，糖果的种类和工艺都比较简单，总的来说是缺乏食用糖的传统饮食范式。正如西敏司在他的《甜与权力》中所言，英国人在 1650 年以前甜味的来源主要是蜂蜜和水果，[1] 中国的情况也极为相似。但 1650 年以后，糖在许多欧美国家从奢侈品和稀有品变成日用品和必需品。这种奢侈品转向大众化的风潮，是世界资本主义生产力勃发和意志涌现的缩影。然而中国饮食中甜味元素的发展历程却颇为特殊，既不像加勒比殖民地那样接受其宗主国的风潮——以糖为权力的象征，又不像英国那样——在生产力勃发之后把糖普及到日常饮食中去。[2] 如果我们以加勒比殖民地为殖民主义模式的饮食文化范式，而将英国作为现代主义模式的饮食文化范式，那么中国则是两不相符，它的饮食文化既不是殖民主义的，

1　[美]西敏司：《甜与权力：糖在近代历史上的地位》，朱健刚、王超 译，商务印书馆，2010 年版，第 156-159 页。

2　[美]西敏司：《甜与权力：糖在近代历史上的地位》，朱健刚、王超 译，商务印书馆，2010 年版，第 156-159 页。

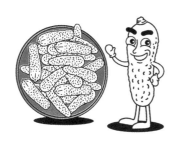

也不是现代主义的。笔者在幼年时，糖仍然是高价的奢侈品，大白兔奶糖只会在春节期间和婚礼糖盒中出现。随着 20 世纪 90 年代以来中国大陆生产力的迅速发展，糖变得廉价而易得，大白兔奶糖已经成为多数城市居民可以轻易购买的商品，然而身边的人却并没有食用大量甜食的习惯。出国的留学生往往会抱怨欧美的甜品太重糖而难以入口，中国人喜闻乐见的零食大多是以咸辣味觉元素为突出特征的，比如各种香辣豆制品和肉脯，常年在网络零食销售排行榜上占据前几名的位置。甜味并没有出现曾在英国发生过的从奢侈品变成大众消费品的转变，在中国它不再昂贵，却并没有流行起来，在欧美发达国家社会中的嗜甜问题也没有发生在中国。为什么甜味流行的范式没有在中国重演呢？为什么是辣味而不是甜味，成为中国当代饮食的突出味觉特征？难道甜味不是人天生所喜好的味道吗？本书以中国饮食辣味的流行为线索进行讨论，但若以甜味的不能成为主流作为线索进行讨论，无疑也是极有价值的。

　　酸、辣、咸味在调味副食中往往是相互融合的，当代中国的调味副食中首要的味觉元素是咸，咸味的调味副食主要是酱菜，以豆豉、豆酱、豆腐乳之类的豆制品为主，也有用菜蔬作为主材的，如酱瓜、冬菜、咸菜一类，突出的风味是咸，但辣味往往也很重要，如四川

的豆瓣酱、湖南的"猫余"[1]，都是咸辣风味突出的调味副食。酸味的代表性调味副食是各种腌菜，时至今日东北和四川的泡菜都十分出名，中国大部分农耕地区都有腌制泡菜的传统，突出的风味是酸，有些地方辅以咸味和辣味。

　　中国调味副食的类型分布与地区有密切关联，在东南沿海地区，调味副食有以海产品作为原材料的，也有以豆制品作为原材料的，还有以菜蔬作为原材料的。比如广东的潮州地区就同时有虾酱、咸鱼、豆瓣酱、咸菜作为下饭调味副食的情况，可以说调味副食的选择是比较丰富的，同时，沿海地区也是海盐的出产地，盐的取得比较容易，因此咸味的调味副食并不昂贵。中国中部地区，如湖南、江西等地，海产品不易获得，调味副食以菜蔬和豆制品作为原材料比较常见，然而由于这些地方河网密集，商贸发达，盐的获得也相对容易，因此咸菜、咸味的豆豉、豆腐乳都比较常见，且不昂贵。中国西部地区的情况则要一分为三视之，有些地区靠近井盐的产地，容易取得食盐；有些地区虽然不产盐，但是交通较为便利，也容易获得食盐；然而有些地区则既不靠近盐井，交通又不便利，导致食盐价格较高，当地贫穷居民遇到人口增殖幅度较大的时候，不得不放弃副食而大

1　湘语谓腐乳为猫余，盖因"腐"字音类虎，讳之而称猫。

量地食用主食，又不容易获得以盐为主的调味副食时，就不得不在传统的调味副食之外寻找别的出路了。

我们知道贵州是南方地区最为缺盐的省份，贵州省既不产盐，交通也极为不便，这势必导致盐价较高。北方的西北地区也较少盐井，但是交通运输较西南便利得多，因此缺盐情况不如贵州那么严重。

贵州食盐缺乏，一方面是天然的原因，即交通不便，本地没有盐井；另一方面与中国历史上极为重要的盐业专营制度有很大的关系。在中国传统的农业社会经济条件下，食盐是大多数人必需的、且很难自行在本地生产的少数商品之一，因此盐税就成为自西汉以来中国历代财政的重要来源，且有助于加强中央政府对地方的控制力。中国盐业专营始于春秋时的齐国，管仲首创了盐业专营制度，《管子》中有"今夫给之盐策，则百倍归于上，人无以避此者"。到了西汉，盐业专营制度逐渐在桑弘羊等人的推动下完善，从汉到唐，盐业专营时有兴废。安史之乱以后盐业专营固定成为一项千年不易的国家制度，直至2014年4月21日，中华人民共和国发改委宣布废止食盐专营许可证管理办法。

明朝洪武三年（1370年），朝廷开始实施开中法，以盐引为中介，募集商人对边疆地区输送军粮等战略物资。具体到贵州，根据洪武十五年（1382年）的纳米给盐策，纳米二石五斗可得川盐二百斤的

盐引。在贵州纳粮的商人得到盐引后，到指定的四川自流井和五通桥盐场支盐，再自行运回贵州销售，不得转往其他地方。显而易见，开中法对于盐商的限制很多，盐米比例也是固定的，由于商路艰难，往贵州运盐的成本又特别高，盐商积极性很低，导致贵州缺盐的情况进一步恶化。从明代中期直至清末，盐引制度败坏，盐引成为朝中权贵们套财的手段，全国都出现了盐价畸高的情况，本就缺盐的贵州更是"无商人配盐行销，民虞淡食"。[1]

由于食盐的缺乏，西南地区以别的调味方式"代盐"的情况并不鲜见，见于历史记载的主要有四种代盐方法，即以草木灰代盐、以酸代盐、以辣椒代盐、以硝代盐。[2]盐对于保持人体体液平衡有重要作用，对以米蔬为主要食物的人来说，完全不食盐是不可能长期存活的，但是草木灰中有可以水解的电离子，其中包括少量的盐，还有碳酸钾和氢氧化钠等成分，因此可以在一定程度上保持血液中电离子的平衡，可以减少盐的消费。而辣椒作为代盐的调味料则完全是出于味道的需要了，辣椒和盐一样可以促进唾液的分泌。贵州山区的苗族、侗族在辣椒引进以前，已有以酸代盐的食俗，即便时

1 黔省议拨粤盐抵饷碍难照办折，光绪五年十月初六日。

2 李鹏飞：《历史时期"代盐"现象研究》，载《盐业史研究》，2015年第1期，第72-79页。

小知识 中国长期实行官盐制度，盐产生的各种附加收入成为政府的重要资金来源，明清两代更是实行了"盐引"制度，给盐叠加上多重税收杠杆，使得全国盐价畸高。在这样的背景下，贫苦的南方山区农民不得不在盐以外另寻下饭利器，辣椒借此机会于清朝中期在中国南方山地地区大肆扩散，成为当之无愧的头号辛香料。

至今日，这种食俗仍然颇为鲜明，但已经与辣椒充分混合，形成了贵州山区独特的酸辣口味菜肴，如酸汤菜、酸辣米粉、酸辣肉食等。

因此当我们看到以下这些记载：

康熙年间田雯《黔书》卷上载："当其（盐）匮也。代之以狗椒。椒之性辛，辛以代咸，只逛夫舌耳，非正味也。"

康熙六十年《思州府志》载"海椒，俗名辣火，土苗用以代盐"。

应当知道辣椒代盐是贵州山民严重缺乏食盐的无奈之举，而在用辣椒代盐之前，他们已经尝试过多种不同的代盐方法。

另外，《广西通志》中也出现过辣椒代盐的记载："每食烂饭，辣椒代盐。"辣椒食用起源于中国境内的土家、苗、侗少数族群，也印证了中国饮食文化是典型的多源文化（heterogeneous culture）。辣椒作为调味料的历史是中国饮食文化中的重要篇章，而其源自于土家、苗、侗少数民族。还有一些发酵肉食的食俗也源自于西南少数民族，另外北方有源自五胡、兴起于唐代的"块食"如炊饼之属，还有来自域外民族的食俗，如澳门的葡式烘焙、香港的英式饮品等。这些食俗都已经被深深地嵌入到中国饮食文化的庞大体系中去，遵循了中国饮食的"饭菜有别"体系，进食的规则，食品的中医解说体系，从而成为这个庞大机体的一部分。

第 八 节

清代辣椒的扩散

　　清代中后期辣椒在中国的传播奠定了中国的食辣版图，自嘉庆至同治年间，辣椒在中国西南山区迅速扩散，如今中国吃辣比较多的贵州、四川、湖南、云南、江西都在这一时期开始食辣。

　　自康熙末年以来，历经雍正（1723—1735）、乾隆（1736—1795）两朝，贵州各地的方志记载已经普遍大量食用辣椒了。乾隆年间，与贵州相邻的云南镇雄和邻贵州东部的湖南辰州府也开始食用辣椒。嘉庆（1796—1820）以后，黔、湘、川、赣几省辣椒种植普遍起来，嘉庆时各地方志已经记载当时辣椒的传播情况，江西、湖南、贵州、四川等地已经开始"种以为蔬"。根据《清稗类钞》饮食类的记载，道光年间（1821—1850），贵州北部已经是"顿顿之食每物必蕃椒"，"居民嗜酸辣，亦喜饮酒"，"滇、黔、湘、蜀人嗜辛辣品"，"湘、鄂之人日二餐，喜辛辣品，虽食前方丈，珍错满前，无椒芥不下箸也。汤则多有之"。同治年间（1862—1874），贵州人是"四时以食"海椒。

　　如果说贵州吃辣的食俗始于缺乏食盐，那么辣椒用作调味料自贵州首创以后，逐渐蔓延到四川、湖南，而这两省又作为重要的辣椒传播源起了至关重要的作用，然而四川、湖南接受辣椒作为调味

料的客观条件又有极大的差异。

　　四川人自古以来好用辛香料，晋代常璩《华阳国志·蜀记》载蜀人"尚滋味，好辛香"。当时蜀人所用的辛香料主要是三香，即花椒、姜、茱萸。其中的花椒和姜至今仍是四川菜肴中的重要调味品，但茱萸的地位几乎已经被辣椒完全替代。四川人对辛香料的喜爱使得其食用辣椒时往往与其他调味料搭配使用，造成了四川菜以麻辣为突出味型，兼重各种辛香味型的特色。四川的地理条件也是麻辣味型的基础，由于四川盆地交通不便，历史上有"蜀道难"之称，四川与外省的物资交流相对较少，容易形成独特的，以本土产辛香料为主的饮食风格，而辣椒和花椒又恰好都适合在四川种植，且种植成本较低，因此便成为首选的辛香料。四川的移民历史也给予了辣椒扩散的机遇，明末清初在四川发生了大规模的瘟疫和战乱，造成人口急剧减少，在清廷政局稳定，战乱平息之后，于康熙三十三年发布了《招民填川诏》，大规模招募湖北籍、湖南籍、江西籍、广东籍移民入川。自康熙末年到乾隆初年，先后有数十万各省移民进入四川，带来了复杂多样的各地饮食风俗，然而四川的地理条件又使得移民们不得不改变自己的饮食习惯，物资运输入蜀的艰难令移民们难以采买到原来惯用的调味料和食材。移民们面临着饮食习惯必然的改变，不得不向四川原居民借鉴其饮食文化，价廉物美的辣

小知识

四川自古以来就是花椒的重要产地，而花椒又是为数不多可以干燥保存的本土产辛香料，便于长途运输和保存，因此在传统中国菜肴中有着特别重要的作用。

椒和花椒迅速成为移民们饮食的主流。因此"尚滋味，好辛香"的原蜀地居民饮食文化特征，迅速被外来移民所接受。嘉庆年间，四川各地的县志中大量出现辣椒种植的记载，金堂、华阳、温江、崇宁、射洪、洪雅、成都、江安、南溪、郫县、夹江、犍为等县志中均有辣椒记载，如嘉庆年间《成都府志》《金堂县志》《满雅县志》《纳溪县志》。道光年间的《城口县志》载"黔椒，以其种出自黔省也，俗名辣子，以其味最辛也，一名海椒，一名地胡椒，皆土名也。有大小尖圆各种，嫩青老赤可面可食可醃以佐食"，这段话说明了辣椒的种子来自贵州，是贵州吃辣起源的一个佐证，另外还说明了辣椒可以磨成粉，可以直接吃，也可以当作泡菜吃，是泡椒的最早记录。清末傅崇矩的《成都通览》中记载的成都饮食中，辣椒已经成为重要的调味料，同时期的文人徐心余的《蜀游闻见录》载"唯川人食椒，须择其极辣者，且每饭每菜，非辣不可"。

湖南吃辣比四川要晚一些，在嘉庆年间的《湖南通志》中没有食用番椒、辣椒、海椒的记载，但嘉庆年间的《长沙府志》中有"番椒，亦名秦椒。三月种子，四月开细白花，五月结实状如秃笔头。嫩时则青绿色，老则红鲜可观"的记载。这里辣椒又叫作秦椒，与贵州、四川的番椒、海椒的叫法不同，反而与北方各省相同，说明当时长沙的辣椒很可能是一种来自北方的贸易品。湖南的情况需要一分为

三地看待，湖南西部山区的永顺、辰州、沅州、靖州靠近贵州省，地方志中辣椒的记载较早，基本在嘉庆年间，可见食辣的习惯自贵州传来；湖南北部水网密集、地势平坦的常德、岳州、长沙、澧州的地方志中辣椒的记载也比较早，基本也在嘉庆年间出现，但是名称很不统一，如湘潭叫斑椒[1]，岳州和长沙叫秦椒，可见这是一种尚未在民间流行起来的外来贸易品，尚无本地通行的命名，商人只得以来源地的名称呼之；湖南南部丘陵地带的永州、宝庆（今邵阳）、衡州、郴州、耒阳食用辣椒的时间最晚，大致在道光至咸丰年间，至迟不超过同治年。道光年间的《永州府志》引《湘侨闻见偶记》"近乃盛行番椒，永州谓之海椒，土人每取青者连皮啖之，味辣甚诸椒，亦称辣子，寻常饮馔无不用者，故其人多目疾血疾，则番椒之入中国盖未久也，由西南而东北习染所致"。这则记载非常重要，一则说明了永州称辣椒为海椒，与贵州相同，而与湘北诸地不同；二则说明了道光年间永州开始盛行辣椒，这是一种新兴的习惯；三则说明了由西南向东北习染，即这种习惯是从永州西南的贵州省流行起来的，逐渐向东北方向流布，说明了湖南西部食辣的习惯来自贵州；四则说辣椒导致"人多目疾血疾"，从中医的角度表明了作者对辣

椒的排斥态度。《湘侨闻见偶记》的作者是时任永州知府的钱塘进士姜绍湘，他对辣椒的态度代表了中国士人阶层的普遍看法——认为过于刺激的调味不符合上层饮食的品味。

综合来看，湖南在同治年以前已经几乎全省盛行辣椒，道光年间是辣椒在湖南散布的重要时间节点，《长沙县志》《新化县志》《平江县志》《湘乡县志》都在这一时期将辣椒列入物产志，可见此时辣椒的盛行。

活跃于咸丰、同治间的湖南湘乡籍名臣曾国藩亦嗜辣椒，《清稗类钞》记载：曾文正嗜辣子粉，曾文正督两江时，属吏某颇思揣其食性，藉以博欢，阴赂文正之宰夫。宰夫曰："应有尽有，勿事穿凿。每肴之登，由予经眼足矣。"俄顷，进官燕一盂，令审视。宰夫出湘竹管向盂乱洒，急诘之，则曰："辣子粉也，每饭不忘，便可邀奖。"后果如其言。这里谈到曾国藩吃辣的趣闻，曾在两江总督任上时，有下属吏员想要了解他的饮食偏好，以便博取曾的欢心，偷偷地贿赂了曾的伙夫。伙夫说："该有的东西都有了，不要挖空心思搞花样。每道菜在上桌之前，给我看看就可以了。"过了一会儿，送来官燕一碗，让伙夫看。伙夫拿出湘竹管制的容器向碗中乱洒，吏员急忙责备他，他说："这是辣椒粉，每餐都不能少，这样就可以得到奖赏。"后来果然如他所说。以曾国藩当时之身份、地位，尚且食用辣椒，可见这

是曾素来的习惯，也就是湘乡老家的饮食习惯。吏员误以为曾的口味很高贵，至少不至于吃辣，但是实际情况大出他的意料。

综合多处文献记载，清朝覆亡前后，即 20 世纪初，食用辣椒的习惯大致已经传播到长江中上游多数地区，云南、四川、湖南、湖北、江西这几个省几乎全部食辣，食辣的北界当时在关中一带，汉中地区已经普遍食辣，关中地区也已经开始种植辣椒，往北则记载较少；南界在柳州附近，柳州以南吃辣的记载很少；东界到浙江的衢州，衢州以西的山区多有吃辣，但进入吴语区以后吃辣的记载不多；西界到藏区为止，青海有个别食用辣椒粉的记载，似乎由陕西传入，流传于西宁附近，但亦止于此。

需要特别说明的是，即使是吃辣区域中的大型城市（如成都、长沙、武汉、西安）的富裕阶层，吃辣的也并不多，辣味饮食仍被视为是一种贫穷阶层的饮食习惯而被抗拒。但是在乡村中，即使是富农和地主，也往往有吃辣的习惯。

辣椒在进入中国的最初一百年，即 1571 年的《遵生八笺》到 1671 年的《山阴县志》，作为观赏植物种植，偶尔作为药用植物外用，然后沿长江商业航道传到湖南，再由湖南传至贵州缺盐的苗侗地区，于 18 世纪初开始了在中国饮食中作为调味料的历程，历经二百年逐渐蔓延开来：向北扩散到湖北；向东扩散到湖南、江西；向南扩散

到广西北部；向西扩散到渝州、四川、云南。在 20 世纪初，业已形成了一个以贵州为地理中心的"长江中上游重辣地区"，也就是在中国进入 20 世纪之初的辣椒调味分布状况。

笔者认为辣椒在中国被用作调味料的创举，很可能不止发生过一次，也不局限在贵州一省。事实上，东部沿海地区也有零星的、不能成片的区域有将辣椒作为调味料的食俗。这些局部的吃辣食俗是独自发生的，还是受到起源于贵州的重辣地区食俗启发而发生的，则由于文献阙如而难以推断。笔者倾向于认为这些零星且隔断的吃辣片区是独自发生的，但是由于条件的限制，不能扩散。那么导致吃辣食俗在某地区的稳定和扩散的条件有哪些呢？长期缺盐、商旅艰难、人地矛盾紧张，这些条件缺一不可。安徽皖南歙县许村，曾在太平天国战乱时期有短暂的缺盐情况，也采取了以辣代盐的方式[1]，但随着战乱局势的解除而未能长期保持。《广西通志》中也有"每食烂饭，以辣代盐"的记载。在零星的食辣片区中，广东的潮州地区有将辣椒作为众多蘸料的一种的食用方法，尤其是在离海岸线较远的揭阳、普宁两县的辣椒酱尤为出名。但由于整个地区的副食品较为丰富，蘸料的种类也颇多，因此未能形成鲜明的食辣风格。中

1　许琦、徐玉基：《箬岭古道明珠：许村》，合肥工业大学出版社，2011 年版，第 181 页。

国东南部多数地区在明清以来属于人地矛盾紧张的情况,但是沿海、沿江地区可以通过渔获补充副食,且不缺盐,因此没有大量吃辣作为调味副食的必要。华北、华东等商路畅通的地区往往可以通过手工业产品补充收入,容易获得货币,且商贸发达容易购买调味副食,因此也没有吃辣作为调味副食的必要。商路完全不通的地区连辣椒的传入都不可能,遑论形成吃辣的食俗,因此商旅须是艰难而非不通。西北、口外、东北在清中期人地矛盾尚不紧张,肉食也较易取得,因此不在缺乏副食之列。

A history
of
chili pepper
in China

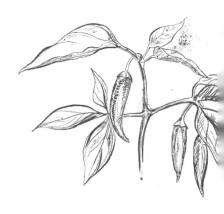

A history

of

chili pepper

in China

中 国 食 辣 史

Chapter

02

第二章

中国文化中的辣椒

第 一 节

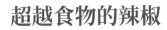

超越食物的辣椒

　　当现代中国人说起"辣椒"的时候，脑中除了作为食物的辣椒，还会联想起一连串的"文化符号"，我们很容易想起性格热烈奔放、身材火爆的"辣妹子"；也会说一个人敢作敢当像是"吃了辣子"；我们还会想起农家门口一串串用于辟邪和增添喜庆的辣椒串；还有湘菜馆门前招徕顾客的红色装饰。

　　辣椒自进入中国饮食的那一天起，就不再是一种单纯的功能性的食物了。法国人类学家列维－斯特劳斯所说的"神话"即指这种情况，他认为人类从自然到文化的联系遵从一种固定的思维结构——"它们都重复着讲述从自然向文化过渡的故事"，因此认识这种结构可以揭示人类普遍的思维机制。[1] 随着中国人赋予辣椒的隐喻不断地增长、叠加，辣椒也就从一种舶来的调味品，变成了文化意义上的"中国的辣椒"。这种来自美洲的作物被赋予了一大堆中国文化的隐喻，这些隐喻的堆砌是伴随着食用辣椒的实践而不断增长的。

　　辣椒在其自然状态下只不过是万千植物中的一种，然而当它进入了人类的食谱，成为调味料，那么就经过了人类语言和思维的加工，

1　[法] 列维－斯特劳斯：《结构人类学》，谢维扬、俞宣孟 译，上海译文出版社，1995 年版。

成为人类社会中的一部分。随着积累的隐喻越来越多，辣椒的文化内涵也不断丰富，逐渐形成了一套比较稳定的"隐喻体系"，细分来说，辣椒的隐喻体系有三个层次。

辣椒在人类社会中有经验性的和抽象概念的两层意义，辣椒作为调味料给使用者带来了"热"的感觉，进而延伸到与"火"有关系，又经历了一系列的想象与涵化，进而变成了中医体系中的"辛热"属性物质，到这一步为止，辣椒的意义已经从经验性的"热"，转化为了中医所指的"热"，即抽象的、文化意义上的热，中国人对辣椒的解释已经从经验性的理解，转化为抽象概念上的理解。经验性的"热"是为第一层次，抽象概念的"辛热"则是第二层次。

辣椒的文化符号意义是第三个层次，即由抽象概念而引申出的普遍联系，即中国文化中用以表达经验和思考的象征体系，这种象征体系是从抽象概念衍生而来的，不同文化有着不同的象征体系。辣椒在中国文化中的抽象概念的典型是中医所指的"上火""祛湿"，这种抽象概念仍然属于"物"的概念，是辣椒与花椒、胡椒等物共享的概念。而到了第三层意义上则被赋予了"放荡""辟邪"等概念，即成为精神层面的概念，一种符号和文化的概念，已经脱离了"物"的范畴。

哲学家恩斯特·卡西尔在《人论》中提出，人与其说是"理性

的动物"，不如说是"符号的动物"，亦即能利用符号去创造文化的动物。人和动物的根本区别在于：动物只能对"信号"做出条件反射，而只有人才能够把这些"信号"改造成为有意义的"符号"[1]。"符号化的思维和符号化的行为是人类生活中最富于代表性的特征，并且人类文化的全部发展都依赖于这些条件。"无疑，本章讨论的辣椒的隐喻，即符号学意义上的文化隐喻。辣椒对多数哺乳动物来说有辣味，但只有人会把辣味和性刺激联系在一起，产生一系列的辣味与放荡性行为之间的关联。

中国宋代以来的理学的核心思想是"格物致知"，朱熹对它的解释是"穷究事物道理，致使知性通达至极"。对辣椒研究来讲，即通过穷究辣椒本身的特点，以及中国文化赋予辣椒的文化表达，致使对辣椒在中国饮食中的地位和文化意义的理解通达至极。因此对文化的理解和辩论，总要有具体的目标物，而文化从来也不会是没有寄托物的飘然存在，文化总要有一定的表现形式。中国的饮食文化的表现物可以是一定的就餐仪式，箸、釜等餐具和炊具，也可以是具体的食物，还可以是烹饪的技艺和手法。技艺、手法、仪式这些东西，所有这些必须加之在实在的人和物体上，因此有空间的

---

1 ［德］恩斯特·卡西尔：《人论》，甘阳 译，上海译文出版社，2004 年版，第 34–35 页。

占据，履行这些东西总需要占据一定的时间，因此总是能够被看到、听到、闻到、触摸到、品尝到，是实实在在的存在物。因此对饮食文化的观察也是一种"物的民族志"（ethnography of object）。

围绕食用辣椒的行为而衍生的隐喻是一个复杂的体系。正如康德所说"人的理性为自然界立法"，既然要"立法"则必有一套"立法机制"。美国人类学家冯珠娣在《饕餮之欲》中提到了"药膳"的隐喻：理性所感知到的食物的功效并不能抵消吞咽时相对短暂的体验，而我们的肉体感受，一旦被激起，就会指向储存着主观体验的文化领域。

辣椒在中国文化中的隐喻的生产机制，正是本章讨论的问题。[1]

---

1 ［美］冯珠娣：《饕餮之欲：当代中国的食与色》，郭乙瑶、马磊、江素侠 译，江苏人民出版社，2009 年版，第 64 页。

A history

of

chili pepper

in China

第 二 节

○

辣椒的“个性”

人才有个性，物并没有所谓的"个性"，它只有作为
物的特质，比如人对铁的感受是硬的、凉的，我们说一个
人铁石心肠，这就把铁的特质拟人化了，所拟的是人的个
性中的坚硬和冷酷。辣椒也是如此，人吃了辣椒觉得刺激、
痛、发热，当我们把辣椒拟人化了，那么辣椒就有了"个性"，
它的个性基于物的特质，由此阐发，也受此限制。

我们分析辣椒的文化隐喻，应当注意到这些隐喻可以从来源上
分为两类，一类是由辣椒食用的肉体感受所激发的，这里我称之为
原生隐喻；另一类是由"辣"的文化隐喻转借而来的，也就是说中国
文化在辣椒传入以前已经有的对"辣"的隐喻，在辣椒传入之后
转借到辣椒上的，我称之为类比隐喻。

从《红楼梦》中我们可以看到一个很明显的类比隐喻例子，林
黛玉初入贾府时，见众人皆敛声屏气，唯有王熙凤洒脱放荡，贾母
调笑说："她是我们这里有名的一个泼皮破落户，南省俗称'辣子'，
你只叫他'凤辣子'就是了。" 红楼梦的作者曹雪芹生平正值雍正
乾隆年间，而南省应是对南直隶省的虚指，依据曹雪芹的生平经历，
应该是指江宁（今南京）的习俗。雍乾时期江宁称为"辣子"的，
即辣椒，因此这里用辣椒来隐喻王熙凤爽朗、果断、狠毒的性格，

同时也有风流、美丽的暗示。同时，贾母也指明了这是"南省"的说法，可见她年老而见闻广，在北方也许并不流行，这也从一个侧面证明了食用辣椒乃至于以辣椒喻人是首先从南方流行起来的。此外《红楼梦》第三十回中，宝玉、黛玉、宝钗三人斗嘴，凤姐来打趣："你们大暑天，谁还吃生姜呢？"以此形容场面的尴尬，诸人脸上辣红的光景。可见当时在大户人家中，姜还是"辣"的性格隐喻的主要载体，所以凤姐形容尴尬气氛时才会自然地说"吃生姜"。以贾母的身份，自然也是不屑于吃辣的人，把"泼皮破落户"与"辣子"并提形容凤姐，也有调侃凤姐如泼皮破落户和辣椒一样不上档次的意思。

我们需要注意到，以辣来比喻人的性格在辣椒传入之前就已经出现了，如"辣浪""辣手"等词语，"辣浪"一词的最早记录在宋代话本《五代史平话》中"奈知远是个辣浪心性人，有钱便爱使，有酒便爱吃，怎生留得钱住"；"辣手"一词最早见于元代话本《京本通俗小说》："欲待信来，他平白与我没半句言语，大娘子又过得好，怎么便下得这等狠心辣手？"前一词有爽朗、风流的意味，后一词有狠毒、果断的意味。这两个词的出现都在辣椒传入中国之前，因此辣椒得到这样的文化隐喻，必然是经过类比的。中国人很早就有了描述刺激性肉体感受的字眼，即"辛"，此后用"辣"来

指"辛之甚者"，姜、韭、芥、椒等物都能提供"辣"的肉体感受，因此很早人们就用这种感受来描述抽象的人格和主观体验了。但在辣椒传入之后，由于其辛辣的特质突出，因此这种早已有之的对"辣"的隐喻，就经类比而被转移到辣椒这个特定的、明确的物品上了，这样才有了"凤辣子"之说。

《辣妹子》是宋祖英在1999年中央电视台春节联欢晚会上演唱的歌曲，其中歌词即隐含着女子面容与身材姣好，性格爽朗、果断、大方的意味：

　　辣妹子从小辣不怕

　　辣妹子长大不怕辣

　　辣妹子嫁人怕不辣

　　吊一串辣椒碰嘴巴

　　…………

　　辣妹子从来辣不怕

　　辣妹子生性不怕辣

　　辣妹子出门怕不辣

　　抓一把辣椒会说话

　　…………

　　辣妹子辣

辣妹子辣

…………

辣出汗来汗也辣呀汗也辣

辣出泪来泪也辣呀泪也辣

辣出火来火也辣呀火也辣

辣出歌来歌也辣歌也辣

…………

辣妹子说话泼辣辣

辣妹子做事泼辣辣

辣妹子待人热辣辣¹

…………

　　当代中文语境下，"辣妹子"一词的文化隐喻，已经不同于古汉语中的"辣手""辣浪""毒辣"，反而更偏向于正面的说话直接了断、做事果断勇敢、待人大方爽朗，且有隐喻体态和容貌的美好的意味，呈现出辣椒文化含义从贬义向褒义的转化。

　　比较红楼梦中的"凤辣子"和当代的"辣妹子"，我们可以看出"凤辣子"这种比喻原是中性略偏向于贬义的，故而贾母是以调笑的口

1　《辣妹子》，歌手：宋祖英，填词：余志迪，谱曲：徐沛东。

吻说出的，而当代的"辣妹子"则是中性略偏向于褒义的。当今我们形容一个女子是"辣妹子"时，固然也有调笑的意味，但被冠以此名的女子一般不会认为这是贬义的。这种转变来自于辣椒的阶级属性的变化，自清末以来的一系列革命使得辣椒得以冲破原有的阶级界限广泛流传，关于辣椒与阶级关系的部分，在第三章将会详细论述。

辣椒的文化含义多寡，是因不同地区而不同的，例如在食用辣椒较多的湖南，辣椒的文化含义就很丰富，关于辣椒的俗语很多；在食用辣椒较少的广东、福建，辣椒的文化含义就比较贫乏，有关的俗语、歌谣就不太多。客家俗语说"敢食三斤姜，敢顶三下枪"，这里即用姜而不是辣椒作为辣的文化含义的载体，指的是人的个性的"辣"。文化含义的多寡与两个变量密切相关，其一是其地食用辣椒的频度，其二是其地文化的发达程度以及与外界的沟通程度。显然，吃辣椒多的地方自然会产生比较多的以辣椒喻人的行为，反之亦然；云贵吃辣并不比川湘少，但是其文化发达程度不如川湘，当地人口和移民输出人口不如川湘，其文化的扩张能力也不如川湘，因此川湘的辣椒文化含义能够对其他地方输出且造成比较大的影响，而云贵则较弱。

随着互联网的普及，文化交流以前所未有的便利程度进行着，

清代的北方人也许还对"辣子"形容人的性格觉得莫名其妙，现代的汉语使用者多半能完全理解形容一个女子是"辣妹子"的意思。这就是辣椒在一地所产生的文化含义扩展到整个文化圈的例子，当今中国各地都有把辣椒和性格联系在一起的俗语，华北地区有"吃不得辣，当不得家"的说法，这里把吃辣和当家联系在一起，也是说明吃辣的人果断、有能力，能够当家。至此，南北对辣椒的文化含义的理解已经没有什么差别了。

A history

of

chili pepper

in China

第三节

中医对辣椒的认知

中医对辣椒的认知是中国文化对辣椒的话语体系的基础，辣椒得以进入中国庞大的食疗和族群认知体系中去，其影响是怎样强调也不为过的。

中医对辣椒的记载非常早，早在辣椒进入中国饮食以前，中医就已经注意到了这种外来的辣味强烈的植物。明末姚可成（17世纪中叶）著的《食物本草》中称辣椒"味辛，温，无毒"，1765年刊行的《本草纲目拾遗》中载："辣茄性热而散，亦能祛水湿。"这里已经提到了辣椒的两个基本特性，即驱寒和祛湿。《本草纲目拾遗》的记载实际上是对当时已知的辣椒的药性的总结。

中医的思想体系源自中国传统哲学，尤金·安德森的《中国食物》中说，中国传统哲学与西方哲学很显著的一个区别是采用"类比推理法"而不是"演绎推理法"。[1] 演绎推理法的基础是三段论，即A>B，B>C，因此A>C这种类型的论证。而类推法则是根据两个对象有部分属性相同，从而推出它们的其他属性也相同的推理。从逻辑层面上说，类推法不如演绎推理法可靠，但是在实际生活中，类推法更容易将常见事物分类并得出大致的规律。中医采用类推法

1　［美］尤金·安德森：《中国食物》，马孆、刘东 译，江苏人民出版社，2003年版，第191—192页。

表 2-1 中国传统观念中五行、五脏、五腑、五窍、五色、五味、五候、
五液、五嗅的类比联系

五行	五脏	五腑	五窍	五色	五味	五候	五液	五嗅
木	肝	胆	目	青	酸	风	泪	臊
火	心	小肠	舌	赤	苦	火	汗	焦
土	脾	胃	口	黄	甘	温	涎	香
金	肺	大肠	鼻	白	辛	燥	涕	腥
水	肾	膀胱	耳	黑	咸	寒	唾	腐

很普遍，诸如五行、五味、五脏等的联系，具体对应关系见表 2-1。

　　除了以上的分类，中医还把食物分为冷、热、干、湿，这一点
与古希腊的医学有相似之处，古希腊医学将人分为胆汁质、多血质、
黏液质、抑郁质四种类型。胆汁质的人热而干，多血质的人热而湿，
黏液质的人寒而湿，抑郁质的人寒而干。同时也对应四季、四种组
成世界的基本元素，以及一系列的疾病和治疗方法。

　　但中医则更为复杂地认为这几种因素是交替作用的，且与人本
身的禀赋有很大的关联。中医对于食物与药物的性味归经，基本上
源自直观的尝味、观色、嗅觉，得到了直观体验之后，便将其列入
某一类，从而类比推理出这一类的特点。一般来说，生长在水中的

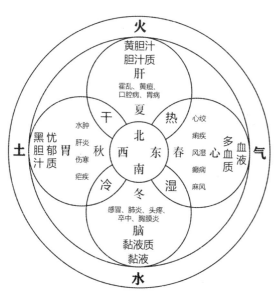

图 2-1 希波克拉底的四体液说

植物和动物，被认为是凉性的，植物如莲藕、海带，动物如虾、蟹、贝类等。味苦的食物也被认为是凉性的，如苦瓜、莲子。牛羊肉这类肉食被认为是热性的，但猪肉、鸡肉则例外，它们属于中性食物。几乎所有辛辣的、富有香料气息的调味料都被认为是热性的，除了显而易见的直观发热感受，还可能由于这些调味料大都生长在比较

热的气候条件下。

中医还强调"气"的作用,动植物皆有气,气还可以分为阴阳。气是一种能量,但是单纯理解为能量也是不够的。人摄入了富含营养的物质可以补气,但一些本身并没有什么营养的物质被人体摄入后可以激发人自身的气。消化食物也需要消耗气,能够提供较多气的食物,消化它也需要比较多的气。比如牛肉虽能提供比较多的阳气,但是消化牛肉也需要很多气,因此体质虚弱的人就不适合吃牛肉。

中医还有独特的"毒"的概念,除了一般意义上的有毒(如乌头碱),中医还将一些有可能引起过敏反应的食材,通常是含有异蛋白的食物视为有毒,比如牛肉、海鲜。但是中医也将一些一般认为是没有显著毒性(离开剂量谈毒性没有意义,这里的毒是指在通常食用剂量下而言)的调味品视为有毒,比如肉桂和辣椒都被一些医家视为有一定的毒性,这里的毒性可能是指产生令人不适的感觉,如中医的大多数理论一样,是一种先验性的概念。

以常见的辛辣调味料来说,姜、花椒、胡椒、辣椒、茱萸、肉桂,在性味上都是"性热、味辛",都被认为是热性的食物,但效用则有所不同,如姜是"温中散寒、回阳通脉、燥湿消痰",花椒是"温中燥湿、散寒止痛、驱虫止痒",胡椒是"温中散寒、下气、消痰",辣椒是"温中散寒、开胃消食",茱萸是"散寒止痛、降逆止呕、

助阳止泻", 肉桂是"补火助阳、引火归元、散寒止痛、温通经脉"[1]。中医对药材的判词中可以分为两部分看, 一部分讲理论, 即温中散寒之类的语句; 一部分讲疗效, 即消痰、驱虫之类的语句。以上调味料中若以疗效论, 姜、胡椒可以消痰; 茱萸可以止呕止泻; 辣椒可以开胃; 肉桂、花椒可以止痛。其中花椒的驱虫作用是被古人明确了解的, 因此汉代有"椒房", 即以花椒研末拌入涂料涂于内墙, 用于皇后的房间, 这样的做法即有几层含义, 象形意义上取花椒籽实团簇的多子寓意, 功能意义上取花椒的芬芳、驱虫之效。

笔者于2017年1月访问了三位中医, 询问他们对于上述这些调味料的用药判断, 这三位中医的说法大致相同, 说明中医对于这些"热性"调味料有着一致的认识。其中姜、花椒、茱萸、肉桂这四味是可以内服用药的; 辣椒、胡椒一般用于外敷, 特殊情况可以少量内服。

笔者认为这种观念与这些物种的起源地有关联, 中医不太认可外来物种的药效, 而胡椒是宋以后才广泛使用的食材, 辣椒更是清代以来才流行的食物。姜、花椒、茱萸、肉桂则是起源于中国本土的辛辣调味料, 因此被中医认为是更"可靠"的药材。但根据这三位中医的说法, 近四百年来引入中国的异域食材较少入药的事实

---

1 以上药性的判断语句皆来自《中华药典》。

　　另有解释，中医对药材的性味归经的依据来自"内观经络"，简称
内观。所谓内观（此内观不同于佛教意义的内观——毗婆舍那，
Vipassana），在《黄帝内经》中解释为发现自身经络的运行，体
察到精气血相互转化的过程，内观要求修行者身体洁净，没有外物
的侵扰，本身的气功修行很高，能够体察到气在体内运行的情况，
这种理论与道家的气功理论相同，应属同源；因此懂内观的人可以
判定药材的寒热、燥湿、毒性、气行轨迹。传统上，药材的性味归
经就是靠这些能够内观的人一味味尝出来的，因此古代名医往往会
尝试大量的药材。但是懂得内观经络的人是很少的，这种略带神秘
色彩的人物似乎只出现在比较久远的古代，因此这几位中医认为近
四百年来鲜有外来物种入中药之列的原因主要是没有懂得内观的人
来尝这些新鲜东西，不能明确性味归经，所以不敢擅用。

　　虽然辣椒被排斥在现当代中医内服用药之外，但是清代以降的
药典中仍有对辣椒的记载，不过对其性味归经并无一致的说法，其
中以《本草纲目拾遗》记载最详：辣茄，人家园圃多种之，深秋山
人挑入市货卖，取以熬辣酱及洗冻疮用之，所用甚广，而纲目不载
其功用。陈灵尧的《食物宜忌》云：食茱萸即辣茄，陈者良。其种
类大小方圆黄红不一，唯一种尖长名象牙辣茄，入药用。又一种木
本者，名番姜。范咸的《台湾府志》曰：番姜木本，种自荷兰，开

花白瓣，绿实尖长，熟时朱红夺目，中有籽辛辣，番人带壳啖之，内地名番椒；更有一种结实圆而微尖似柰，种出咬嚼吧，[1] 内地所无也。《药检》云：辣茄，一名腊茄，腊月熟，故名，亦入食料。苗叶似茄叶而小，茎高尺许，至夏乃花，白色五出，倒垂如茄花，结实青色，其实有如柿形，如秤锤形，有小如豆者，有大如橘者，有仰生如顶者，有倒垂叶下者，种种不一。入药唯取细长如象牙，又如人指者，作食料皆可用。番椒，一名海疯藤，俗呼辣茄，本高一二尺，丛生白花，秋来结子，俨如秃笔头倒垂，初绿后朱红，悬挂可观，其味最辣，人多采用，研极细，冬月以代胡椒。盖其性热而散，能入心脾二经，亦能祛水湿。

《食物本草》载：味辛，温，无毒，消宿食，解结气，开胃口，辟邪恶，杀腥气诸毒。

《百草镜》载：洗冻疮，浴冷疥，泻大肠经寒癖。《中华本草》载：味辛，性热，归脾、胃经。《药性考》载：温中散寒，除风发汗，祛冷癖，行痰逐湿。有毒，多食眩旋，动火故也。久食发痔，令人齿痛咽肿。《食物宜忌》载：性辛苦大热，温中下气，散寒除湿，开郁祛痰，消食，杀虫解毒。治呕逆，疗噎膈，止泻痢，祛脚气，

1　疑为爪哇岛，当时爪哇为荷兰人占据，赴台湾的荷兰殖民者皆从爪哇出发。

食之走风动火，病目发疮痔，凡血虚有火者忌服。

　　《药检》载：味辛，性大热，入口即辣舌，能祛风行血，散寒解郁，导滞止泻，擦癣。

　　从以上记载看，辣椒在清代中医认知中，常用的名称有"辣茄""番椒""腊茄"，经常与食茱萸、海疯藤等植物混淆，对其性味归经的认知各家不一致。

茄入药用。又一種木本。本草者云番薑范咸臺灣府
志番薑木本種自荷蘭開花白瓣緑實尖長熟時
朱紅奪目中有于辛辣番人帶殼啖之內地名番
椒更有一種結實圓而微尖似柰種出咬嚠吧內
地所無也。藥檢云辣茄一名臘茄臘月熟故名
亦入食料苗葉似茄葉而小莖高尺許至夏乃花
白色五出倒垂如茄花結實青色其實有如柿形
如秤錘形有小如豆者有大如揩者有仰生於頂
者有倒垂葉下者種種不一入藥惟取細長如象
牙又如人指者作食料皆可用

图 2-2 《本草纲目拾遗》中"辣茄"条目，北京大学图书馆藏

在现代医学进入中国以前，中医已经有一些以辣椒入药的验方：

1.《医宗汇编》记载：治痢积水泻，辣茄一个为丸，清晨热豆腐皮裹吞下，即愈。

2.《单方验方选编（吴县）》记载：治疟疾，辣椒籽，每岁一粒，二十粒为限，一日三次，开水送服，连服三至五天。

3.《本草纲目拾遗》记载：治疟疾，有小仆于暑月食冷水卧阴地，至秋疟发，百药罔效，延至初冬，偶食辣酱，颇适口，每食需此，又用以煎粥食，未几，疟自愈。

4.《百草镜》记载：治毒蛇伤，用辣茄生嚼十一二枚即消肿定痛，伤处起小疱出黄水而愈，食此味反甘而不辣。或嚼烂敷伤口，亦消肿定痛。治外痔，以象牙辣茄红熟者，挫细，甜酱拌食。

当代，国家中医药管理局编著的《中华本草》中也收录了一些辣椒入药的临床用法：

1.治疗腰腿痛：取辣椒末、凡士林加适量黄酒调成糊状。用时涂于油纸上贴于患部，外加胶布固定。

2.治疗一般外科炎症：取老红辣椒焙焦研末，撒于患处；或用油调成糊剂局部外敷。

3.治疗冻疮、冻伤：取辣椒1两切碎，经冻麦苗2两，加水2000毫升—3000毫升，煮沸3—5分钟，去渣。趁热浸洗患处，每

日 1 次。已破溃者用敷料包裹，保持温暖。

　　4.治疗外伤瘀肿：用红辣椒晒干研成极细粉末，加入熔化的凡士林中均匀搅拌，待嗅到辣味时，冷却凝固即成油膏。适用于扭伤、击伤、碰伤后引起的皮下瘀肿及关节肿痛等症，敷于局部。

　　从以上的药方中可以看出辣椒的用法原本有内服、外敷，可以用来治疟、治痢、治冻疮、治毒蛇伤；到了当代，内服的用法完全被摒除了，只留下外敷的用法，主要是治外科炎症、冻疮、肿痛等。其用药的理论基础仍是《本草纲目拾遗》中的"辣茄性热而散，亦能祛水湿"。当代治疟、治痢有了疗效更可靠且安全的药物，因此不再用辣椒，从现代医学的药理上说辣椒也不太可能治得了疟与痢，治蛇毒更是无从谈起，止痛倒还说得过去。根据现代医学的研究，辣椒素和 VR1 受体结合能促进物质 P 的释放，加速神经末梢的 P 物质和其他神经递质的耗竭，从而减轻或消除疼痛刺激向中枢神经的传递，减轻慢性疼痛症状。[1]因此辣椒用作外敷的确是有止痛功效的。

　　据三位中医解释，凡属"辛"的药材都有发散作用，但是辣椒和胡椒的"发散"是不辨正邪的，辣椒和胡椒的热性激发出体内的

1　骆昊、万有、韩济生：《辣椒素及其受体》，载《生理科学进展》，2003 年第 1 期，第 11-15 页。

　　"气"，最终发散出去，损失了"气"，因此不入内服药。姜是最常用的药物，它的特点是热、辛、驱寒、祛湿，可以提振"正气"，发散"邪气"，所以是驱寒祛湿的首选用药。这也是中国民间普遍认为包括辣椒在内的辛辣调味料可以"祛湿"的中医理论根据。除此以外，姜也是这些药材中被中医普遍认为是"无毒"的，其余的几味各有"毒性"，大小不等。

　　需要特别指出的是，民间的饮食文化受中医影响很大，但是并不等同于中医。民间对食物的寒热、燥湿的定义，与中医理论上的定义不一定对应，且没有中医那样复杂的理论体系。尤其在各个地方还有不同的说法，比如说四川人往往认为火气对人体有补助，而广东人则认为火气属于毒的范畴，需要败火。具体到辣椒上来说，中医大多认为其热且辛，能使气血上行，多食会使人发汗、散气，会造成"气"的损失，因此不常用于内服药。

第 四 节

"上火"与"祛湿"

　　"上火"与"祛湿"是民间对于辣椒常见的食疗认知，这种认知的背后有着深刻的文化认同因素，也是不同地区的人们对自身饮食习惯的合理化解释。而这种话语体系一旦形成，对族群和饮食偏好及边界建构都有深远的影响。

　　基于中医理论对辣椒的理解，即《本草纲目拾遗》所说"辣茄性热而散，亦能祛水湿"。中国民间对辣椒形成了两大基本概念，由"性热而散"得出了"上火"的概念，由"祛水湿"得出了"祛湿"的概念。民间的理解基于中医，但并不完全以中医的理论和思维方式做进一步的阐释，因此关于辣椒的民间食疗理解还掺杂了民俗、民间信仰体系等多方面的影响，把辣椒囊入了中国庞杂的食疗体系里去。

1. 辣椒的上火问题

　　上火是一种民间的说法，无论是中医还是现代医学，都没有这样笼统的对病症的辨认和定义。民间上火说法包罗很广：眼睛红了是上火（充血），咽喉肿痛是上火（炎症），大便干燥是上火（缺水），发脾气是上火，着急是上火，连说话不注意也会说"火气大"，这已经远远超出了医学的范围。英文中"炎症"一词 inflammation 的

词根是 flame，与火有一定关联，但主要是由于灼伤的表征与炎症相同，因此英语中炎症由灼伤一词的语义延伸而来，但与中医所说的"火"并非同一概念。

中医一般认为民间概念的上火泛指人体阴阳失衡后出现的内热症。其特点是：长痘、牙龈肿痛、咽喉不适，甚至口角溃烂、嘴唇长疱，还可表现为大便干燥、肛门炽热等。笔者在田野调查的过程中，发现陕西、山东、安徽、上海、湖北、广东、福建都有受访者认可吃辣椒上火的说法，但是对上火的认知则并不统一，大部分地区的说法都认为上火是对身体不利的，不过也有反例，比如福建沿海地区居民就认为吃辣能够发散"鱼毒"，所谓"鱼毒"是由于吃海产品过多而导致的症候，但定义很宽泛。

笔者曾在广州老城区进行过一次小范围调查，考察本地居民和外来居民的吃辣情况，这次调查印证了广州本地人不吃辣的一般印象。大部分的本地人选择了"不吃辣"和"偶尔吃"，且在"偶尔吃"的本地人当中，在家烹饪菜肴有辣味这个问题中几乎全部选择了"0次"。也就是说，本地人几乎完全不吃辣，而在少数偶尔吃辣的本地人当中，他们也并不会在家烹饪有辣味的菜肴，而是在外出就餐时偶尔尝试辣味菜肴。

此外，这次调查还发现本地人中吃辣的情况与外地人接触并无

直接关系，吃辣的本地人不一定与外地人有密切的接触，不一定曾在外地长期居住，也不一定意味着更能接纳外来族群常住广州。有趣的是，本地人吃辣与年龄因素密切相关，在35岁以下组别中，多数本地人选择了"偶尔吃辣"，而在35岁以上组别中，多数本地人选择了"不吃辣"。在访谈中，一些本地中老年人表示，不吃辣是因为"年纪大了，肠胃受不了太刺激的食物"。这一表述说明了"吃辣"与年龄和健康状况密切相关，在粤语中"上火"的问题通常表述为"热气"，实则意义相同。

　　对于辣椒的文化想象是造成本地不吃辣的重要原因。广东人常说的"热气"问题，简单而言即广东地方的"地气"偏热偏湿，因此食用热性的食物容易"热气"。对地方的归性可见于《黄帝内经》"南方生热，热生火，火生苦，苦生心，心生血，血生脾，心主舌。其在天为热，在地为火……"，以上所述的"地气""性味归经"问题，都很难以实证的方法验证，但对相信其意义的人来说，其心理暗示的意味则是不可忽视的。因此有关的论述是文化层面的，而非医学层面的。在调查中，仅有3名受调查者不认可吃辣"上火"的说法，也就是说其余103人皆认可这样的表述。而这三人的职业皆与医护相关，因此对于"上火"的认同与地域、年龄等变量无关，而仅与医学知识的水平有关。很多本地人认为吃辣是"不健康"的，

理由是"会热气"，数名受调查者特别说明"广东的水土太热，所以不能吃辣，如果是在北方，那就没有问题"这样的观点。然而这样的观点是包涵了微妙的文化想象的：

一是广东的水土不好，中原的水土是好的。

二是即使有吃辣习惯的人移居广东以后也应该放弃吃辣，因地气不合。

第一种文化想象来自于对中华文化发源地的尊崇，由于广东僻处南疆，长期以来是中原人南逃避难之地，因此有"不得已而来之"的文化自卑感。由于中华文化传统中四时、地气、节令等中原地区文化想象皆与广东地方的实际不符，因此广东文化中存在着"尚中原"的风气，尤其体现在广东的族谱、堂号上，陈氏必称颍川，萧氏必称兰陵等。广东地区常年饮用"凉茶"的文化归因也在这个问题上，苏轼被贬海南儋州后写道"岭南天气卑湿，地气蒸溽，而海南尤甚。夏秋之交，物无不腐坏者。人非金石，其何能久"。岭南长期被视为瘴疠之地，而现居于此的本地人又以中原苗裔自居，因此需要长期饮用药材煮制的"凉茶"以除"湿热"。这种文化想象把南迁汉族与原住民百越区分开来，带有一种文化优越感的意味。

第二种文化想象有着外地人来广东就应该接纳本地文化的隐喻，但这种隐喻是以"客观事实"的表象出现的，因此说是由于"地

气"的原因，表现为本地人"善意的"劝喻，而非蛮横地强加于外来人士。可以说是一种机智的促进文化融入的表达。这种文化想象是在近数十年来广东取得了优势的经济地位以后才逐渐显得重要的，大批的移民进入广东地区，本地人一方面在经济上需要与外地人协作，另一方面则需要在文化上尽可能地同化外地人，以免出现激烈的文化冲突，是一种文化调和的策略。

在广东以外的汉族地区，"上火"的问题同样存在，但是远不如广东对待"上火"的态度夸张。在笔者的田野调查中，发现与汉族杂居的少数民族，也同样受到"上火"观念的影响，如湖北、湖南、重庆的苗族、土家族、侗族等。但是处于聚居区的，与汉族接触较不充分的少数民族，则没有或者有较弱的"上火"观念，如新疆喀什地区的维吾尔族、北疆的哈萨克族、青藏高原腹地的藏族等。

2. 辣椒的祛湿功能

中药的药性具有两面性，热性的食物一方面容易造成"上火"，而另一方面则可以"祛湿"。

中医所说的湿邪分为外湿、内湿。外湿如人久处湿地，环境潮湿，或者涉水淋雨，这类都是属于湿从外来的范围；内湿主要是由

于脾胃的运化，人喝下去的水、食物中的水，要靠脾胃的运化才能化为津液布满全身，如果脾胃失调，那么进入人体的水就会成为湿邪。但是民间的理解不同于中医的解释，南方民间常说的"祛湿"是指环境潮湿导致的"外湿"，"外湿"的确可以从肌表散出，因此说吃辣椒可以"祛湿"，在中医的解释中应指去"外湿"。"内湿"则应调理脾胃而除，辣椒反而不能用了。

　　在受调查者当中，不少来自湖南的外地人同样认可"水土""湿热"的说法，也就是说这些人与广东本地人一样，也有文化上"尚中原"的传统，而他们的理解与本地人不同之处则在辣椒可以"祛湿"，虽然容易"上火"，但毕竟还是有利的一面。也就是说在中医的文化想象方面，广东本地人与外地人是相同的，然而对于辣椒却得出了不同的结论。

　　外地人当中保持吃辣习惯的，都特别强调了辣椒"祛湿"的作用，他们认为广东属于气候潮湿的地方，吃辣可以有助于身体排出"湿气"，有利于身体健康。笔者认为，无论是"热气"，还是"祛湿"，都不是人们不食用或者食用辣椒的原因，反而是一种补充的心理慰藉。喜好香辛料是一个族群长久的饮食文化传统，人们只不过是利用中医理论给自己找了一个可以心安理得地享用自己喜好食物的理由罢了。广东人不喜好香辛料，于是用中医理论说"热气"；

西南人喜好香辛料，于是用中医理论说"祛湿"。在享用美食之余还可以慰藉心灵，认为自己做了对健康有好处的事情。

　　一种饮食文化形成的条件是难以重现的，它有着复杂的历史背景，我们不知道为什么要吃辣，但是我们这个族群一直都是吃辣的，为了要给予我们吃辣的正当性，我们会反复地给这一行为编织"意义之网"，不管是用中医的理论也好，还是现代营养学的理论也好，只要吃辣的行为持续下去，我们就会不停地叠加想象在这一行为上。时间长了，文化想象叠加得厚重了，吃辣的行为便成为一种"显性文化定式"（overt cultural form）[1]，在与别的族群的接触中，变成了一种认同的标准和标志。

1　Barth, Fredrik, Ethnic Groups and Boundaries, Waveland Press, 1998, p.11.

第 五 节

辣椒的性隐喻

　　"辣妹""火辣"等词语日益被广泛使用，然而这些
词语的意味已经不再是传统中文对人的个性的隐喻，却多
了一层性感和挑逗的意味，辣椒与性欲的关联是怎样发生
的？这种联系的文化根源到底在哪里呢？

　　辣椒在中文里面有性暗示的意味，在中文里形容一个女性"火
辣""热辣"一般有身材姣好、性格开朗的意思。口欲上的刺激往
往能够与性欲的刺激联系起来。《礼记·礼运》中说"饮食男女，
人之大欲存焉"。而这种联系不仅仅存在于中国，在基督教文化、
伊斯兰文化中也有类似的联系，因此可以说是一种人类文化中具有
普遍性的联系。人类词语的创造存在着从具体到抽象的过程，而味
觉则为这个过程提供了基础的依据。但这种辣椒与性欲的联系是出
自中国文化的发明创造，还是从外来文化引入的"舶来品"？

　　我们先来看看《牡丹亭·冥判》中的这段对话，对话的双方是
花神〔末〕和判官〔净〕〔末〕凌霄花。〔净〕阳壮的哈。〔末〕
辣椒花。〔净〕把阴热窄。〔末〕含笑花。〔净〕情要来。

　　这一段"报花名"的一问一答共报出了38种花，涵盖了女人
从三书六礼、梳妆，到婚礼、圆房，直到怀孕生子，年老色衰的生
命过程。这种一问一答的报花名在中国的旧小说、戏曲当中很常见，

　　比如评剧的《花为媒》、"十二月花"民歌等。值得注意的是辣椒花被用来形容圆房的阶段，并指出"把阴热窄"。《牡丹亭》创作于 1598 年（万历二十六年），这里面出现辣椒花的记载仅仅比高濂在 1591 年的记载晚七年。很明显，这里的辣椒花是一种观赏花草，并且明确地指出是因为它的"热"而产生的性隐喻，因此根据的是它的味道而不是形态。

　　我们再来考查中国文化中与性有关的食物背后的象征体系，《金瓶梅》第四十九回"西门庆迎请宋巡按永福寺钱行遇胡僧"，在宴请贩卖春药的胡僧的宴席上，可以看到露骨的饮食与性欲的联系：

　　先绰边儿放了四碟果子、四碟小菜；又是四碟案酒：一碟头鱼、一碟糟鸭、一碟乌皮鸡、一碟舞鲈公；又拿上四样下饭来：一碟羊角葱铡炒的核桃肉、一碟细切的样子肉、一碟肥肥的羊贯肠、一碟光溜溜的滑鳅。次又拿了一道汤饭出来：一个碗内两个肉圆子，夹着一条花筋滚子肉，名唤一龙戏二珠汤；一大盘裂破头高装肉包子。西门庆让胡僧吃了，教琴童拿过闯靶钩头鸡脖壶来，打开腰州精制的红泥头，一股一股邈出滋阴摔白酒来，倾在那倒垂莲蓬高脚钟内，递与胡僧。那胡僧接放口内，一吸而饮之。[1]

────────────

1 《金瓶梅》二十卷三十，明崇祯刻本，第 373 页。

　　这一段文字主要用拟态的方法把食物与性器官联系起来，如"肥肥的羊贯肠""光溜溜的滑鳅"。后半部的文字愈发露骨，"两个肉圆子，夹着一条花筋滚子肉"，其中花筋滚子肉，有的学者解作海参，有的学者解作灌肠，无论哪种解释，这道菜对阳具的拟态都是十分鲜明的。"裂破头高装肉包子"分明是对女阴的拟态。此后倒酒的环节亦十分生动，其中"鸡脖壶""腰州红泥头""滋阴摔白酒"还是"一股一股邀出"，胡僧最后还要"一吸而饮之"。这段文字对男女交合的拟态描写可谓神乎其技，同时我们还可以发现这里把性欲与食物联系在一起的依据是食物的外表形态，而非其味道。

　　虽然中国古代很早就把性欲与饮食挂钩，但是并没有明确的证据证明中国饮食文化中香料与性欲的关系。查阅史料、文人笔记和中医典籍，气味强烈的食物中仅有韭菜和花椒似乎与性欲有联系，其中韭菜主要用于"壮阳"，而花椒则是"滋阴"。韭菜"壮阳"的理由似乎是因其物态直挺不倒，而非气味强烈，否则为何不将其他具有强烈辛香气息的作物赋予"壮阳"的意义？花椒的"滋阴"也是由于其多子簇生的物态，被赋予了多子的含义，与石榴等物类似。也就是说，中国文化中将食物与性欲联系在一起的主要依据是物态，而不是香辛味。如腰果、泥鳅、牡蛎、各种动物鞭等在中国文化中

被认为是壮阳的食物，都是因其外形，如腰果似肾，而中医又认为肾与性功能有关。泥鳅善于钻洞，牡蛎似女阴形，被认为可以滋阴，各种动物鞭则是人类文明中普遍的以形补形的说法。中国传统的食疗体系中讲究五行和阴阳的生化克制，辛味大热，但不必然对应壮阳，因此传统上中国饮食文化中认为的壮阳物并不一定是香辛料。中国民间认为的"滋阴壮阳"食物，主要依据的是食物外表的形态。这种思维方式反过来又影响了中医的理论，也就是说，为了配合民间根据物态来判定食物是否有"滋阴壮阳"功效的文化范式，中医对这些食物的性味判断也往这方面靠，以期达到文化上的一致性。

因此现代中国文化中以"辣"做性欲的隐喻的文化范式，应是受外来文化的影响，而非本土文化的产物。包括前面提到的《牡丹亭·冥判》中的"辣椒花，把阴热窄"，也应是受到外来文化的影响而产生的隐喻联系。

在目前可见的文献中，香辛料与催情关联最多的记载见于地中海沿岸的诸文明，尤其是黎凡特（levant）地区的文明，按照大致的时间先后顺序是埃及文明、亚述文明、犹太文明，腓尼基文明（包括迦太基文明）、希腊文明（包括其殖民地）、罗马文明，其中以腓尼基文明最为显著。古代埃及文明的记载中香辛料与宗教神明的关系较为密切，但与催情和性爱似乎并没有联系起来。腓尼基文明

应该是最早创造出香辛料和性爱关联的文明，而腓尼基人以商业和航海著称，他们能够接触到比较多的香辛料，也大规模地从事香辛料的贩运。腓尼基人对于香辛料的理解自然而然地影响了他们的邻居，希伯来人、希腊人，以至于后来的罗马人都很大程度上接纳了腓尼基人对于香辛料的解释。但腓尼基人留下的文字记载很少，他们虽然擅长于航海和商业，却不喜欢记录历史，记录腓尼基历史的文献主要来自希伯来人和希腊人的手笔。《希伯来圣经》中记载了腓尼基人对巴力（Baal）神的崇拜，其中提到了腓尼基人在饮用了香料浸泡的酒后，在神殿聚众宣淫，取悦神明的场景。巴力神是腓尼基的主神之一，主管土地丰饶和繁殖，取悦巴力神的方法之一就是性爱的宣示。希腊人传承了腓尼基人对于香料的解释，但是他们对这种解释赋予了更多的哲学解释。

    辣味调味料的催情作用来源于人类最原始的直观医学见解，传统的西方医学的发端在希腊，以希波克拉底为代表的古希腊医学将人分为胆汁质、多血质、黏液质、抑郁质四种类型。胆汁质的人热而干，多血质的人热而湿，黏液质的人寒而湿，抑郁质的人寒而干。多血质的人性欲旺盛且生育力强，胆汁质的人性欲旺盛但生育力弱。古希腊医学认为情欲的缺乏源于体液的失衡。在辣椒进入欧洲以前，人们一般认为生姜这种调味料是同时具备热和湿的属性的，因此有

利于提振性欲和生育力。玛格隆尼·图圣·萨迈特在她的《食物史》中记载西非的奴隶贩子给奴隶庄园中的"种人"喂食生姜，以增进其生育力。[1]

　　辣的感觉很早就为各个文明的人们所熟知，只是在辣椒广泛传播之前，产生辣的植物在亚洲主要是姜、茱萸和花椒，在欧洲则是胡椒和丁香。辣椒以其强烈的辣味迅速夺走了原本属于这些植物的性隐喻，从而变成了最新潮的"表征体"。由此，我们不难理解为什么美国有线电视台的收费色情频道要叫作"spice network"（辣妹频道）了，而标志则形似一支小辣椒，带有辛香的调味料在西方文明的语境下从来都是性隐喻的载体。在中国传统的文化想象中，辛香料和性欲原本并无联系，但自传入中国伊始，辣椒便已经负载着性隐喻的含义了，可见自明代中期以来外来文化就持续地影响着中国。另外，也不排除或许中国人在南洋听闻了辣椒能够促进性欲的传闻而把这种植物引入中国的可能性。

　　根据网络流行潮语字典"Urban Dictionary"的解释，chili pepper一词除了本义辣椒以外有以下几种意义：指年轻热辣的、穿着暴露的拉丁女孩；指 Red Hot Chili Pepper 摇滚乐队组合；指非常性感美

1　［澳］杰克·特纳：《香料传奇：一部由诱惑衍生的历史（第二版）》，周子平 译，三联书店，2015 年版，第 220—221 页。

丽的女孩。[1]中文网络语言中，辣椒的意指与英语差异不大，但除了外表的美貌、身材好的意味以外，还有性格上开放、果断的意思。比如中文语境下的"辣妹"一词，即有双重的意义，是外来隐喻和本土类比隐喻的叠加。前文已经提到过，"辣"在中文中有爽朗、风流、狠毒、果断的意思，但这些意义都是指性格上的，而不是外表的。英文中的 chili pepper 的隐喻意义主要是指外表的美好、穿着暴露、身材火热的女性。现代中文中的"辣"兼有两种意义，当我们说"辣手""狠辣""泼辣"的时候，偏重于本土的隐喻，即狠毒、果断的意思；当我们说"热辣""辣妹"的时候，则偏重于外来的隐喻。

---

1 Urban Dictionary, https://www.urbandictionary.com/，2016 年 7 月检索。

第　六　节

○

挂一串辣椒辟邪

在中国大部分乡村地区，我们都对把辣椒挂在家家户户门口的图景习以为常，以至于很多文学作品、影视作品当中，每当出现农家的影像时，总以一串红辣椒挂于门口作为标志。那么这种风俗是如何形成的呢？为什么能够蔓延到全国范围？

在门户前悬挂气味强烈的装饰物是人类普遍的习俗。从欧洲到亚洲，从远古到今日，我们都可以发现这种习俗的流传。在欧洲，古罗马人喜欢在农神节（大约在冬至前后，是古罗马的重要节日）时在门口悬挂槲寄生，认为这样做可以带来安宁和爱，可以保护家人。凯尔特人认为槲寄生是男性生育能力的象征，因为槲寄生有白色的浆果，类似于精液。古希腊人更是直接把槲寄生称为"橡树的精液"，且具有保护的神力，古希腊神话中，英雄埃涅阿斯手持槲寄生进入冥界。[1]

这些习俗在基督教兴起的背景下逐渐融合，后来演变为在圣诞节时在槲寄生下亲吻。

不单单是槲寄生，还有好几种植物被认为有保护家宅的作用，

---

1 ［德］玛莉安娜·波伊谢特 ：《植物的象征》，黄明嘉、俞宙明 译，湖南科学技术出版社，2001 年版，第 207–212 页。

在欧洲的传统中，冬青、常春藤都有这样的效用，冬青通常作为友谊长存的象征，而常春藤通常被编成花环悬挂在门上，在古罗马原本是作为酒馆的标志，后来则有欢迎客人来饮酒狂欢的意思。在欧洲以外的地区，北非和中亚地区更喜欢悬挂大蒜，中亚是大蒜的原产地，人们认为在门口悬挂干燥的大蒜有祛除邪祟的效果。大蒜传入欧洲以后，更是被认为有驱逐女巫和吸血鬼的功效，直到现在在欧美很多民居门口仍可以见到悬挂大蒜。

　　中国也有类似的传统，门口悬挂应时装饰物是中国人很早就有的习俗，从文献上看，早在汉朝时期就已经有这样的习惯，根据时令不同，悬挂的物件也有不同，如清明时分门上插柳，端阳时分门上悬艾草。端午节采艾悬门上以避邪气习俗在晋代周处《风土记》中已见于记载，南朝梁宗懔的《荆楚岁时记》亦有"采艾以为人，悬门户上以禳毒气"的记载。这种门口的悬挂装饰与中国的岁时文化相关，表达辟邪趋吉的意象。古时秋收以后有将稻穗悬于门口，以庆贺丰收的习惯，笔者在乡村调查所见的情况大致符合文献的记载，根据时令悬挂装饰物的习惯仍然保存至今，清明时的柳枝、端阳时的艾草和菖蒲都时有见到。

　　现在几乎所有种植辣椒的地区都有把辣椒悬挂在门口的习俗，中国自不必说，伊朗、亚美尼亚、土耳其、叙利亚、意大利、西班牙、

图 2-3 美国霍皮族印第安人坐在门口，门口挂满了辣椒[1]

墨西哥、美国，这些地方都有把干燥的辣椒悬挂在门口的习惯，且出奇一致地认为悬挂辣椒或者大蒜这一类气味强烈的植物具有趋吉避凶的效用。可见欧亚大陆的居民们一旦获得了辣椒，就很自然地把它与大蒜等气味强烈的植物归作同类，并赋予了它同样的作用。

　　为什么全球各地的人们会出现如此一致的行为？为什么这些行

1　底特律出版公司 1898 年印制的明信片，图片来自维基共享资源。

图 2-4 亚美尼亚人在门口悬挂的辣椒[1]

1　图片来自维基共享资源。

为的文化意义如此地相似？

虽然缺乏明确的考古发现的支持，但我认为这种行为的出现与人类早期定居生活的方式有关，尤其是与人类半地穴式的早期住宅有关。我们知道，人类在狩猎采集时代基本上是居住在山洞中的，狩猎采集部落需要不断地移动，因此也没有建造永久住宅的必要。当人类开始进行农耕并渐渐定居下来的时候，在平地上建造永久住宅就成为必需。然而新石器时代人类的住宅是没有窗户的，大多数新石器时代的住宅是半坡遗址所复原的这种形制的，只在顶上有一个开口，在室内生火产生的烟雾可以出去，也可以让光线进来。可以想象，生活在这样的住宅中大概是很不舒服的，空气污浊潮湿、光线阴暗。当然，先民们选择这样的住宅首先是为了生存而不是舒适，这种半地穴式的房屋比较保暖，且能抵御野兽的袭击。《墨子·辞过》中说"古之民，未知为宫室时，就陵阜而居，穴而处，下润湿伤民，故圣王作为宫室。为宫室之法，曰：'室高足以辟润湿，边足以圉风寒，上足以待雪霜雨露……'"。

古代先民很可能为了改善室内的气味，驱赶蚊虫，而把一些具有强烈气味的植物悬挂在室内和门口。久而久之，这种行为被赋予了越来越多的文化意义，从而成为一种文化习惯。随着人类居住条件的改变，高大的、带有窗户的住宅渐渐成为主流，悬挂这些植物

的功能性意义逐渐淡化，因此作为文化习惯的悬挂物也被集中于体现出入分界的门户位置，作为内部空间和外部空间的重要分界标志而保留下来。不可否认，在很长的历史时间里，甚至在当代，在门口悬挂这些气味强烈的植物仍有一些功能性的意义——阻挡蚊虫，以及想象中的各种不干净的东西。

图 2-5 方形半地穴式房子复原示意图[1]

在中国种植辣椒的地区，夏秋收获辣椒以后会将干燥的红辣椒悬挂在门口，直到第二年春季以后才会取下，因此悬挂的时间比较长，容易给人留下深刻的印象，也有一些气候比较干燥的地区，有的农户会将辣椒悬挂一整年，直到第二年秋收以后才换上新的辣椒。

1　图片来自西安半坡遗址博物馆网站。

小知识

蜀地盛产茱萸，因此也叫"蜀枣"，由于茱萸辛辣，在古代有辟邪的文化价值，西晋周处在《风土记》中说"九月九日折茱萸以插头上，辟除恶气而御初寒"。自辣椒传入中国以后，茱萸的作用很快被没有苦味的辣椒取代，如今除了一些药方以外，很少能看到茱萸的应用了。辣椒也承袭了茱萸辟邪的文化功能。

由于辣椒色为大红，符合明清以来中国文化中以红色为吉庆颜色的习惯，因此这种风俗迅速蔓延到全国，甚至在城市亦有以塑料、化纤制成的辣椒形装饰物售卖，门口悬辣椒成为一种显性文化定式，其背后的岁时文化传统，反而不甚显著了。

悬挂辣椒作为门口装饰物的习惯也离不开中国风水文化的背书，辣椒色红，在五行属火，在五方属南。中国传统民居的门户大多朝南开，因此门口悬挂辣椒也符合风水的解释。但是完整的风水堪舆学说系统还需考虑主人的五行情况、职业情况等，同时也与阳宅的地理风水方位相关，严格地按照风水学来说，并不是所有的朝南大门都适宜悬挂辣椒，尤其是对于那些主人属金，或者家中火属性过旺的情况。但民间习惯往往将复杂理论简单化，只要它能给自己的行为提供合理的解释，给主人提供一定程度上的心理安慰。

门口悬挂辣椒还有辟邪的作用，民间对于气味强烈的香辛料往往归类于有驱虫，乃至于辟邪的功效，如中古以前在门户上悬菖蒲、艾草、茱萸等物，其起源可归于驱虫之效，五月因疟疾丛生而被视为"恶月"，当以气味强烈的药物禳助。然而年岁日久，逐渐形成民俗以后，便有了精神上的辟邪意味。前文曾说中国传统文化善于使用类推法将有相近特性的事物归类，辣椒虽然传入中国的时间较短，但其继承的香辛料传统却绵远流长，因此也被视为有辟邪之用。

第 七 节

南北差异

细细考究，我们会发现在广袤的中国大地上，辣椒作为调味品有两大派别，南方呈现出复杂的、混合的辣椒食用方式，而北方则呈现出单一的、纯粹的辣椒食用方式。这种差异宛如中国南北方的"咸党""甜党"之分，其背后隐藏着中国南北方深刻的社会结构、地理条件、文化价值差异。

在世界饮食文化的版图上，我们可以发现一个特点——东西方向也就是沿纬线方向的差异比较小，而南北方向也就是沿经线方向的差异则比较大。举个例子，从郑州到武汉，仅有500千米左右的距离，然而一个是麦食饮食文化，一个是米食饮食文化，而从济南到西安，将近1000千米的距离，饮食文化差异却很小。由于同纬度的地区有着相似的气候条件，因此作物类型近似，进而有相似的饮食文化与之适应的政治文化体系，反之，南北的气候条件差异比较大，因此作物类型不同，进而其经济形态则有根本差异，随之带来的是文化和政治体系的差异。

辣椒在中国南方和北方作为调味料的形态也有极大的差异。辣椒作为调味料，从加工的简单到复杂依次是干辣椒、辣椒粉、辣椒酱。生辣椒在制成辣椒粉的过程中，被干燥、研磨，但一般未添加其他

物质，是辣椒作为调味品的比较纯粹的状态，这也是辣椒在中国北方饮食中使用的主要状态。生辣椒在制成辣椒酱的过程中，添加了其他物质，并被盛在人造的中介物中加以腌渍，因此是人为痕迹最重的一种烹饪方式。制成的辣椒酱，大部分情况下是一种发酵食品，在中国南方饮食中，干辣椒、辣椒粉和辣椒酱都是经常使用的，但使用的场景略有不同。辣椒粉和辣椒酱都是辣椒的调味品形式，在不同地域的中国饮食中，有不同的叫法，一般来说辣椒粉、辣椒面都是指辣椒干燥研磨后的状态；油泼辣子则是辣椒粉加入热油、芝麻等物，也可以被归类于辣椒粉。本节所谓的辣椒酱是泛指的辣椒酱，包括豆瓣酱、剁辣椒、蒜蓉辣椒酱、甜辣酱等，它们共同的特征是经过了不同程度的发酵，并与其他物质杂糅，这些辣椒酱中，如剁辣椒，仅仅添加盐和水，辅以少许的其他香料，是比较纯粹的辣椒酱。豆瓣酱、蒜蓉辣椒酱、甜辣酱中添加的其他物质比较多，是加工程度更高的辣椒酱。

　　中国南北的自然分界线是秦岭—淮河一线，辣椒酱和辣椒粉的分野大致与此相同。西界秦岭的地理分隔比较清晰，秦岭以南的汉中盆地和四川盆地大致上以辣椒酱为多，关中平原则是辣椒粉的天下；东界淮河由于处在华东的平原地带，地理阻隔并不明显，南北分界就没有秦岭那样清晰了，淮河两岸辣椒酱和辣椒粉的使用几乎

旗鼓相当，不过大体上越接近长江则辣椒粉越少，越接近黄河则辣椒酱越少。

　　川菜中最重要的调味品是豆瓣酱，现在常见的四川豆瓣酱中往往掺有辣椒，但是根据四川豆瓣酱生产厂商郫县鹃城牌豆瓣酱生产企业的资料，四川豆瓣酱在咸丰年间"益丰和"酱园创办之后才普遍地加入辣椒，此前的四川豆瓣酱原本是豆酱类型的一种，虽加入了其他香辛料，但是辣味并不突出。时至今日，我们仍可以从四川豆瓣酱的制法中发现其加入了辣椒的轨迹，因其豆酱与辣椒酱在制作时是分开的。首先是制作甜豆瓣，将蚕豆脱壳、浸泡数日，然后拌入面粉，蒸熟后加入米曲，晾晒发酵，便可制成甜豆瓣，这个制作过程就是一般豆酱的制作过程；然后是辣椒胚的制作，将红辣椒清洗后拌入食盐，轧碎后入大池发酵。四川豆瓣酱是将甜豆瓣和辣椒胚两者混合，然后再次翻晒、发酵而成的调味品。在四川绵阳市区的调查中，当地人表示原来家中的辣椒调味料都是自家制成的，但是随着城市化的进程，居民搬进楼房居住，原来制作调味料的条件已经没有了，现在除了泡菜和油封辣椒这两种比较简单的辣椒调味料还是以自制为主以外，其他调味料都要依赖购买。油封辣椒的制作方法是将生辣椒洗净剁碎，加入盐、蒜蓉、姜末，用烧热的菜籽油封存起来，可以用于热炒，也可以直接佐餐。泡椒的做法和一

般的泡菜相同，当地人家大多自制。

在绵阳的郊区，笔者还是发现了农家自制的辣椒酱，在八月中旬以后，辣椒逐渐成熟变红，当地农家将辣椒剁碎，拌入食盐、蒜蓉、姜末等物，放进广口的酱缸内，在户外加盖晒制半个月左右，制成具有当地特色的发酵辣椒酱。这种辣椒酱口味较重，晾晒时多次加入食盐，可以保存一年以上。当地人说川菜百菜百味，实际上每家每户的味道都不太一样，可以说是百家百味，每家自制的作料口味都有不同。笔者认为这主要是描述发酵的风味有所不同，由于自制酱料中发酵的微生物和环境条件都难以准确地控制，因此发酵生产的酱料口味都有细微的差别。当然在工业化生产的环境下这些细微的差异都会被抹消，这也是很多家庭怀念自制酱料的一个原因。

贵州的辣椒酱制作也用到了发酵的工艺，但是与四川不同之处在于辣椒发酵以后再加入滚油将微生物杀死，因此发酵的过程也在加入油以后结束。因此贵州辣椒酱制作时发酵的时间更长，而口味也比较稳定。需要特别注意的是，由于贵州是中国食用辣椒的起点，兼以贵州的地理环境特别割裂而相互隔绝，各民族呈犬牙交错杂居分布，贵州吃辣的形式也是极为多样的。除了制作湿态的辣椒酱以外，贵州也有很多食用干态辣椒的方法，黔东南山地居民常有将干辣椒烤脆，然后捣碎拌食的食用方法。蘸水也是贵州食用辣椒常见的形态，

即以干辣椒碎末加入盐、花椒、胡椒等各种香辛料，直接蘸食或者加入热汤或热油蘸食。贵州食用辣椒的方式深刻地影响了其周边省份，油辣椒和辣椒糍粑对四川的影响很大，腌辣椒和鲜食辣椒对湖南的影响很大，糊辣椒和辣椒蘸水对云南的影响很大。

笔者的外婆是湖南长沙人，她在世时一直亲手制作剁辣椒，她制作的剁辣椒实际上是一种泡椒，经过短暂的发酵而略带酸味，有点类似日本的"一夜渍"泡菜。在我的记忆中，外婆制作的剁辣椒是与市售的剁辣椒略有不同的。外婆制作的剁辣椒比较湿润，辣椒的含水量高，因此入口有爽脆甘甜的感觉。选用的辣椒品种也多是红而不辣的，因此适合全家人吃。由于腌制时间比较短，咸味和酸味都不重。随着外婆的故去，妈妈也没有传承外婆的手艺，于是家里的剁辣椒失踪了很长一段时间，直到近几年来超市货架上出现了罐装的湖南产剁辣椒，笔者才试着重新捡回童年的味道，不过也许是现代工厂无法呈现出传统的家庭风味，也可能是笔者的味觉记忆仅仅存在于回忆中，罐装剁辣椒的滋味始终是似是而非的儿时回忆。

辣椒传播到四川以后，大约在清嘉庆年间已经扩散到汉中地区，汉中是中国南北之间的过渡地带，地形上有"两山夹一川"的特点，即北横秦岭，南卧巴山，汉水中流。汉中的饮食文化有"亦秦亦蜀"之称，古代常言汉中"风气兼南北、言语夹秦蜀"。这种"亦秦亦

蜀"的特点也体现在辣椒调味品上，汉中地区同时使用辣椒酱和辣椒粉，汉中特产的辣椒酱叫"搨辣子"，系将辣椒及生姜、大蒜等原料放在石臼里，用石杵捣碎（"搨"）而成。汉中同时也产辣椒粉，即以线椒研磨成粉，使用时以热油泼之，制成油泼辣子。两者使用上的区别在于搨辣子可用于拌饭、拌面或者炒菜，而油泼辣子则用于拌凉菜、拌面或者添加在热汤面中。不过在汉中的日常生活当中，两者的区分并不特别显著，经常有混用的情况，并不一定是米饭炒菜必须用辣椒酱，而面食凉拌则必须用辣椒粉，只是习惯上辣椒酱与饭、辣椒粉与面是较为常见的搭配，当地餐馆往往会在餐桌上准备两种调料以供选择。汉中的情况是中国南北交界地带的代表，秦岭—淮河一线的地区都有类似的饮食图景，这些地区米食与面食都很常见，而调味品也兼具南北特色。

　　清代汉中地区在接受了辣椒作为饮食中的重要组成部分以后，迅速地将这种新的调味副食品用于当地广泛食用的面食之中，从而具备了进一步向北扩散的饮食基础，但是嘉庆年间的辣椒种植仍受限于气候条件，难以扩散到秦岭以北地区。同治年间，已经有近百年辣椒种植经验的四川地区培育出了适合在温带地区种植的辣椒新品种——线椒，线椒的出现使得辣椒得以突破气候的限制，可以在中国广大的北方地区种植，赋予了辣椒进一步向北扩散的新动力。

小知识

如今川南一带虽以辣椒为主要辣味来源，但姜还是用得不少，比如姜汁豇豆、仔姜兔这类的名菜，在川菜的二十三种味型中"姜汁味""鱼香味"都有比较明显的姜味，辣椒和姜混合使用也成为川南的特色调味手法，在自贡菜中有明显体现。

光绪年间，辣椒终于突破了秦岭的天然气候阻隔，在关中地区广泛种植，从而成为陕西饮食文化的重要组成部分。

陕西是中国西北地区食用辣椒的重要节点，也是辣椒传入中国后传播上的一个里程碑。辣椒传入中国以后，基本上都在长江流域和沿海地区传播，辣椒进入中国饮食中后，以贵州为起点向周边省份扩散，但接受辣椒的省份大多以米食为主，辣椒在北方面食地区的传播要晚于在南方米食地区的传播，而陕西则是辣椒在北方传播的重要起点。辣椒进入陕西关中地区以后，其食用的方式出现了一些新的变化，更加符合与面食的搭配，如一般以油泼辣子的形式添加到面食中，或者用于蘸食。与南方普遍使用的辣椒酱有很大的不同，南方使用辣椒一般加入大量的盐，并且加入蒜、姜等其他调味料，但是陕西使用辣椒往往是单独一味，并不与其他调味料混合。陕西食用辣椒的基本形态是辣椒粉，而南方地区往往是切块、剁碎、腌渍食用，当然，线椒肉厚、含有更多油分的特性也更适合用来制作辣椒粉，即干燥后研磨成粉的制法。如果我们说辣椒在贵州进入中国饮食是一次划时代的创举，那么在陕西的关中地区，辣椒得以进入以面食为主的北方饮食中，则是辣椒进入中国饮食的又一次重大历史事件。辣椒进入关中地区以后，出现迅速向西扩散的态势，陆续在同治、光绪年间出现在宝鸡、天水、陇西、兰州、武威、张掖、

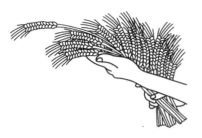

玉门、瓜州的方志中，在光绪、宣统年间出现在新疆哈密、吐鲁番、迪化的方志中，即19世纪的下半叶完成了从陕西向甘肃、新疆的扩散。同时，辣椒也迅速地突破了民族的界限，从汉人的饮食中扩散到以回族为代表的中国穆斯林饮食中，这与西北地区汉回长期杂居的民族分布态势是密切相关的。需要注意的是，西北地区的辣椒在饮食中的应用，一直以辣椒粉的形态为绝对主流，与南方的辣椒使用形态有重大的分别。南方的辣椒酱、辣椒腌制品的形态使用，与米食有密切的关联，亦受到气候条件的影响（高温、潮湿有利于辣椒的发酵），而西北的辣椒粉形态使用，则非常适合添加在面食、肉食当中，同时也是西北气候较干旱、气温较低的条件影响所致（利于制作辣椒粉，且在干燥条件下的辣椒粉能够长期保存）。

应该说从中国人食用辣椒开始，也就是从贵州东部发端，人类普遍用于保存食物的两种技法就被应用在辣椒上。一种是干燥法，就是用烘烤或是风干、晒干的方式把食物的水分去除；另一种则是发酵法，利用微生物、盐或其他添加物使食物发酵，以达到长久保存的目的。无疑这两种做法都会给食物带来别样的风味，蔬菜类如菜干（干制）、梅干菜（先发酵后干制）、酱菜（腌制）；豆腐类如豆腐干（干制）、豆皮（干制）、臭豆腐（发酵）、腐乳（发酵）；肉类如腊肉（干制）、熏肉（烟熏干制）、火腿（干制与发酵同时进行）、

酢肉（发酵）。

　　从辣椒进入中国人食谱之始，这些久已流传的食物加工方法就被移植到辣椒上了，整个云贵高原上，用火烤干辣椒的糊辣椒，晒干或者焙干辣椒的干辣椒，各种发酵制作的辣椒酱都很常见。但从地理环境上来说，川黔两地气候潮湿多雨，山区则经常云雾环绕，湿度很高，客观上来说，对于干制辣椒的制作和保存较为不利，而高温却有利于制作发酵的辣椒酱。但是到了云南，地理环境又发生了变化，云南的海拔较川黔更高，因此晴好天气较多，日照比较强烈；而空气也比较干燥，温度也不太高。这就给大量使用干制辣椒调味料创造了条件，云南使用辣椒的主流方式是"辣椒蘸水"，名称虽带水字，但一般使用时以干燥形态居多，虽然云贵川三地都有使用"辣椒蘸水"的饮食传统，但在云南，"辣椒蘸水"的出现频率显然要高于其他辣椒调味品。云南的"辣椒蘸水"初看与北方的"辣椒粉"形态很相似，但口味却迥然不同，由于加入大量的其他调味料，产生了一种复合调味特征，与北方比较纯粹的辣椒粉不同。云南在中国的饮食版图中是一个比较特异的地方，从地理上说，云南地处南方，本地世居民族有许多南方山地民族特有的饮食传统，与中南半岛的饮食同出一脉。云南在历史上有大量的北方民族移民，尤其是南征蒙古人和他们带来的穆斯林士兵，这就给云南的饮

食添上了一股来自北方的风采，饮牛乳，擅长制作各种乳制品。云南在明朝初年迎来了大批来自江淮地区的汉族移民，这些人又给云南饮食带来了许多汉地的饮食传统。多源饮食传统的融合，造就了云南丰富多彩的饮食文化，也使得这个地方的辣椒饮食花样繁多，复合多变。

通观中国各地的辣椒调味品，我们可以迅速地发现南酱北粉的特色，即南方一般以辣椒酱为主，辅以干辣椒，复杂纷繁；而北方使用辣椒的方式则是以辣椒粉居多。出现这种特色的原因，除了笔者之前已经提到过的气候、地理环境的因素，还存在着文化上的隐喻。

南方的辣椒酱往往采用了古已有之的制酱工艺，如豆瓣酱是在豆瓣制成之后加入辣胚，而剁椒、泡椒则采用了传统的腌渍工艺。北方的辣椒粉、油泼辣子则是基于辣椒的特性而产生的全新的调味品，不基于以往的调味品工艺。基于这些特征，我们可以归纳为南方杂糅，而北方纯粹。

南方的辣椒酱是高度复杂的酱料，由于原材料的多样化和制作工艺的复杂，容易形成差异的口味，也就是说每个地区都有自己独特的秘方，生产出来的辣椒酱口味都不太一样，甚至在四川有百家百味的说法。其中最主要的原因是辣椒的发酵是一个难以准确控制的过程，从而产生了变化多样的风味。就如法国人说不同产区的葡

萄酒自带当地的风土（terroir）味道一样，辣椒酱也有着自己的风土味道。每个地方农作物产品特征的自然环境因素的加成便是这一地方的风土，风土难以测量，但是老饕们一定能用舌头尝出来。影响南方复杂的辣椒酱口味的不止是地理环境因素，就如中国南方复杂多变的语言一样，每个区域都有自己独特的饮食风格，这些不一致的人为因素和制酱传统创造出与之相应的风味各异的辣椒酱。南方生产辣椒酱的工艺，很多是源自于其旧有的发酵工艺传统，如豆瓣酱的制作承袭了原有的豆酱制作传统，而泡椒的制作则承袭了原有的泡菜腌制传统。这些地方风味调味品的制作被转移到了辣椒酱的制作上，因此南方辣椒酱的制作也承袭了原有酱料制作的家庭传统和女性传统。在四川、贵州、广西等地，传统的辣椒酱制作基于一家一户一口酱缸的模式，是家庭生产的经验。在这个过程中，家庭中的女性扮演了重要的角色，制作酱料的配方往往由女性传承，而制作的手工过程也以女性为主导。同时，每家每户的加盖酱缸也隐喻这是一个家庭的私密领域，当友邻之间相互赠送自制辣椒酱时，表达的是一种私人领域的共享，从而得以拉近赠送者与受赠者之间的人际关系。

中国北方的语言是高度统一的，地貌则以便于交通的平原和高原为主，而北方的辣椒粉也如北方的地貌和语言同样一致，北方的

辣椒粉的生产是大规模的，以男性为主力，是一个公开的过程。在青海循化县，辣椒的种植和辣椒粉的生产是一个规模宏大的产业，也是这个县的重要经济农产品之一。数千平方米的晾晒场上一片红彤彤的景象，工人操作机器翻晒辣椒，这样的场景在南方是少见的，北方辣椒的生产是一个村庄的公共领域，这里没有每家每户独特的辣椒制作技艺，取而代之的是在辣椒粉生产环节中细致的分工与合作。这种辣椒粉的生产模式是与北方的地理条件密切相关的，由于中国北方的交通比较便利，因此各地区较为专注于本地区优势的农产品，而不像南方的农村那样自给自足。这种地理条件造成了一系列的经济和社会特征，个体的特征较不显著，而集体的意识则较为浓厚，容易形成统一的企业、合作集团乃至于大一统的政权，较难产生割据的局面和独特的地方文化。北方的辣椒粉生产是高度一致的，其产品的使用也是较为简单的，辣椒粉在食用前一般会加入热油制成油泼辣子，这种油泼辣子被应用于拌面、蘸料，除了在烧烤肉类的场合，很少被加入烹饪的过程。北方对辣椒粉的使用是较为独立的，很少与传统的豆酱、腐乳等制作工艺结合，而是一种新创的应用方式。

　　南方与北方对辣椒的加工方式和食用方式的迥异，体现了南北方基于各自的地理条件基础而衍生出的一系列自然与人文特征。体现在

南方的辣椒酱和北方的辣椒粉上，则是辣椒酱的复杂对应辣椒粉的单一；米食对应面食；个体对应集体；糅杂对应独立；私密对应公共；女性对应男性。究其根本，辣椒酱与辣椒粉所体现出来的南北方差异，其背后是南北方自然条件与人文精神的根本差异，这种差异性在许多方面都有体现，辣椒酱与辣椒粉的差异不过是其中之一。

现代化的调味品生产正在席卷中国各地，遍及南北各地的高速公路和铁路大大弱化了地理的区隔。原本风味各异的，产自中国辽阔国土上各种独特的地理条件和人文风情的调味品，正在被大型企业生产的标准化产品所取代。正如 20 世纪 90 年代以来各家各户的家制调味品被各地的小型手工作坊取代，而近十年来这些小型手工作坊正在被更大的全国性企业所取代。日益严格的食品安全标准也使得小型手工作坊越来越难取得生产许可，全国性的物流网络也使得大型企业的生产成本远远低于小型手工作坊。这一系列情况使得小型手工作坊的产品在市场上越来越缺乏竞争力，而大型企业也的确能够生产出质量很高且门类繁多的调味品。饮食的现代性[1]几乎是一件没有回头路的事情，随着城市化程度的日益加深，占人口多数

1　现代性即英文 modernity，在本文中尤指传统与现代的文化断裂。在中国的语境下，现代性是构建在对传统文化的批判和理性反思的基础上的；对饮食文化来说，是工业化和商品化的饮食与传统饮食之间的对立。

的城市居民离自给自足的田园生活渐行渐远，而将来的中国人也许再也难以寻回曾经带有浓厚地方风情的特色辣椒酱。

　　中国的南方与北方都在共同经历饮食的现代化进程，这一过程伴随着地方风味的抹消和传统的流逝。但是对本来就高度一致的北方辣椒粉来说，其传统的损失不如本来差异显著的南方来得更突出。占据垄断地位的产品和企业一旦出现，那么它对传统的吞噬也是难以阻挡的。

A history

of

chili pepper

in China

history

ili pepper

China

中 国 食 辣 史

Chapter

03

辣椒
与阶级

第三章

第 一 节

中国饮食文化的阶级谱系

辣椒与中国的阶级饮食偏好有着密不可分的联系，无疑，辣椒曾是一种底层大众的口味，然而这种平民口味是怎样翻身成为当今中国的主流呢？中国自辛亥革命以来的不断变革对这种改变有没有推动作用呢？近三十年来，辣味为什么越来越普及了呢？

以往对中国饮食的划分一般以地域为分类的依据，诸如所谓的"四大菜系""八大菜系"，这种划分是以清末以来，近代工商业城市兴起之后的地方口味差异作为依据的。"四大菜系"的雏形可见于清末徐珂所著的《清稗类钞》"肴馔之有特色者，为京师、山东、四川、广东、福建、江宁、苏州、镇江、扬州、淮安"。[1] 在《清稗类钞》饮食类的描述中，常见将京师、山东合称，即为京鲁菜，四川则为川菜，广东、福建合称为粤闽菜，江宁、苏州、镇江、扬州、淮安则并称为淮扬菜。据之整理为四大菜系——鲁、川、粤、淮扬。1980 年 6 月 20 日，《人民日报》刊登的汪绍铨的文章《我国的八大菜系》，是为"八大菜系"之始，文章中是这么说的：我国的烹饪技艺，长期以来逐渐形成很多菜系、帮别和地方风味

1　［清］徐珂：《清稗类钞》，饮食类二，2020 年 7 月 7 日载。https://ctext.org/wiki.pl？if=gb&chapter=269078&remap=gb#p586.

　　特色。全国声望较高的菜系，有山东、四川、江苏、浙江、广东、湖南、福建、安徽八地，统称"八大菜系"。[1]自此开始有了"八大菜系"的说法，后来由于经济利益的影响，除了鲁、川、粤、淮扬这四系比较稳定以外，其余四系各有不同说法。笔者认为中国菜还应该从品味悬殊的角度重新做区分。中国漫长的历史中，形成相对固定的阶级区分，不同阶级的饮食品味、价值取向和饮食仪轨都截然不同，地域口味差异仅仅在"江湖菜"中有较强的体现，庙堂之上的"官府菜"崇尚中正平和的口味，并没有太强的地方口味；而中国进入现代化阶段以前的平民大众用于糊口饱腹的"庶民菜"，常常是咸菜配粥，大葱就饼，也谈不上什么口味。

　　文化是有阶级性的，饮食文化更是如此，它的阶级性是如此突出，以至于身为皇帝的晋惠帝能说出"何不食肉糜"这种话。虽然劳动人民生产了食物，也发明出食物最基本的烹饪方法，但是将饮食上升为一种文化，追求饮食的进一步发展，主要是依靠中国历代的贵族，而不是平民百姓。孔子说"食不厌精，脍不厌细"，讲的就是精致的饮食是上层社会的标志。李安的电影《饮食男女》中大厨老朱有一句很经典的台词"人心粗了，吃得再精有什么用"。也

1　汪绍铨：《我国的八大菜系》，载《人民日报》1980年6月20日，第4版。

说的是贵族饮食传统，还得靠有闲有钱的贵族来传承，贵族的气度丢了，那么精致饮食不过是徒有其表。

　　饮食文化是有丰富与贫乏之分的，掌握了更多生活资料和社会资源的上层，自然能够发展出更为丰富和有系统性的饮食文化，且能够代代传承。贫苦大众能够果腹就已经竭尽全力，哪里还有闲情逸致去分辨食物的好歹精粗？在中国进入现代世界以前，可以简单地把中国社会分为"耕种的人"和"受供养的人"，商人阶层还没有大规模出现，因此也不存在现代社会中所谓的"中产阶级"，饮食文化的主要传承者就是受供养的官绅士族以及皇家。中国自清末进入现代世界以后，聚集了大量非农业人口的工商业城市开始出现，同时也产生了现代中国饮食文化的创造者和消费者——现代城市居民，这些人颠覆了传统的中国饮食文化格局，在原来两级分化的庶民菜与官府菜之间，嵌入了一个新的江湖菜，并且在这两个方向上吸收内容，使之成为现代中国的主流饮食文化。

　　我们先来看看中国进入现代世界之前的贵族饮食文化。

　　前面提到了《论语》中的一段话——食不厌精，脍不厌细。这段话出自《乡党》，后文连续有八个"不食"，前五个是：食饐而餲，鱼馁而肉败，不食。色恶，不食。臭恶，不食。失饪，不食。不时，不食。意思大概是：主食焐馊了，鱼和肉腐败了，不吃。

没有达到腐败的程度但是颜色和味道都变了，不吃。烹调没有掌握好，不熟或过熟了，不吃。五谷未成，果实不熟，不吃。这五"不食"很容易理解，变质的食物不能吃，烹调不好，食材不合时令，品质不好，也不要吃，这些都出于健康的考虑。后三个"不食"是：割不正，不食。不得其酱，不食。肉虽多，不使胜食气。唯酒无量，不及乱。沽酒市脯不食。意思大概是：割肉不正，不吃，吃肉配的酱没有备好，不吃。吃肉不要多过吃主食，酒不限量，但不可醉乱。市场上买的酒肉，不吃。后三"不食"就很讲究了，没有酱，切得不整齐，不吃买的酒肉，这不仅仅是健康的考虑，还有更深层次的原因。

　　对比一下《论语》其他篇章提及饮食的片段，《学而》曰：君子食无求饱，居无求安。《雍也》曰：贤哉！回也。一箪食，一瓢饮，在陋巷，人不堪其忧，回也不改其乐。前一段说君子不求安饱，是专志于学而不暇顾及生活细节。后一段赞赏颜回，对贫穷的生活处之泰然。似乎孔子在《乡党》中对饮食的讲究，并不与《论语》其他篇章一致。其实孔子对于饮食是有着两重标准的，一个贤达的人在私下里应该俭朴，专心于学习和国家大事，不该对饮食过分讲究。但是作为一个有社会地位的人，在出席正式场合的时候应该有规矩，饮食决不能马虎，礼仪上要求的餐饮规格一定要达到。众所周知，

孔子毕生的追求是"克己复礼"，在饮食方面也是如此，私底下君子要约束自己的欲望，俭朴饮食，就是"克己"；而在公开场合，尤其是在礼仪场合，君子要捍卫礼仪，必须要求饮食的规格，就是"复礼"。理解了这两个方面，就不难解释为什么孔子在《乡党》中对饮食如此讲究，而在其他篇章中不甚重视了。"克己"和"复礼"说起来好像是很遥远的事情，但我们在日常生活中亦会实践，比如平时我们在家吃饭，碗筷略有破损，仍然使用，这是俭朴；但是宴客的时候还把这些破损的餐具端出来，那就是无礼了。宴客时不必有多得吃不完的菜肴，也不必追求菜品的过分昂贵，更不要端出什么奇奇怪怪的令人不悦的东西，但要杯盘整洁，席面有致，便是对客人的尊重，也是对自己的尊重。

中国自有皇帝以来，贵族的饮食传承便分为两派，一派是皇家，一派是世家。这两者的政治势力此消彼长，时强时弱，总体来看是皇权日益强大，世家日益没落，尤其是有了科举以后，平民也能凭借读书上升为官绅，不免给上层的饮食文化带来一丝庶民的气息。不过科举取士中真正来自平民的读书人并不多，能够有钱有闲读书的，并且在官场上得到扶持照应的，还是来自官绅家庭的子弟。皇宫有御膳房，贵族则有家厨，从《红楼梦》中我们可以看到，贵族是非常讲究饮食的，而且每家恐怕还有一两道取悦宾客的绝技，比

　　如贾府的"茄鲞"，王熙凤对刘姥姥说的做法："你把才下来的茄子把皮刨了，只要净肉，切成碎钉子，用鸡油炸了，再用鸡脯子肉并香菌、新笋、蘑菇、五香腐干、各色干果子，俱切成钉子，用鸡汤煨了，将香油一收，外加糟油一拌，盛在瓷罐子里封严，要吃时拿出来，用炒的鸡瓜一拌就是。"[1]

　　这道菜很有意思，鲞本是剖开的咸鱼之义，泛指盐渍的下饭菜。咸菜就饭本是平民的吃食，但这里却用了"十来只鸡来配它"，使得这菜"虽有一点茄子香，只是还不像是茄子"。也就是说，贵族的饮食原本脱胎于庶民的日常，茄子本不是贵重之物，却用精贵的食材穿凿炮制成"茄鲞"，使之脱离了平民的消费能力，成为贵族的独门秘诀。

　　《随园食单》中有一味"王太守八宝豆腐"也是贱物贵做的典范："用嫩片切粉碎，加香蕈屑、蘑菇屑、松子仁屑、瓜子仁屑、鸡屑、火腿屑，同入浓鸡汤中炒滚起锅。用腐脑亦可。用瓢不用箸。孟亭太守云：'此圣祖赐徐健庵尚书方也。尚书取方时，御膳房费银一千两。'太守之祖楼村先生为尚书门生，故得之。"[2]夏曾传补

1　［清］曹雪芹：《红楼梦》，人民文学出版社，2008年7月第3版，第548页。

2　　［清］袁枚、夏曾传：《随园食单补证》，浙江人民美术出版社，2016年版，第221-222页。

注说，豆腐可贵可贱，天天吃王太守豆腐，恐怕连太守都吃不起，但这个菜单从徐尚书传到王太守，再传到袁枚手上，恐怕已经不真实了，就这几句话，哪里用一千两银买。贵族之间相互交换菜谱，是常有的事情，出自御膳房的菜谱也有不少，但是真伪难辨。徐尚书花了一千两银买食谱，夏氏有疑，笔者认为徐尚书恐怕也不是付食谱的钱，清代内臣喜欢巧立名目敲诈大臣，康熙皇帝也许说了赐食谱予徐尚书，内臣趁机敲了笔竹杠，徐氏也乐得巴结内臣，一个愿打一个愿挨。官府菜在中国由来已久，除了宫廷御膳，还有各种衙门的公务宴请，迎来送往的规程。清帝退位以来，官府菜并没有随之式微，民国时期北平要人推崇的是"谭家菜"。"官府菜"是有一些特点可循的。首先是注重套路，袁枚在《随园食单》里写过"今官场之菜，名号有十六碟、八簋、四点心之称，有满汉席之称，有八小吃之称，有十大菜之称，种种俗名，皆恶厨陋习"。[1]当今注重套路的宴席也不少，比如有八冷八热、一鱼四吃、四菜一汤等，这些都是套路。为的是迎来送往的场面，往往还要等到全部菜上齐才动筷，座位次序也很讲究。这种宴席不是为品味食物而设的，而是为了完成一个"套路"。从饮食人类学的角度来看，这是一套饮

1　[清]袁枚，夏曾传：《随园食单补证》，浙江人民美术出版社，2016年版，第22页。

食仪轨，[1] 也是阶级分野的标志。

　　官府菜的第二个特点是味道偏向最大公约数，即偏于浓厚咸香，口感软糯，不明显地偏向地方特色，即不会太鲜、不会太辣、不会太甜。浓厚的菜上桌比较有卖相，比如说五柳炸蛋、红烧肉；咸香的菜大部分中国人都不会拒绝，比如说煎黄鱼、炸排骨，可以满足南来北往的差旅需要。官府菜的菜肴往往烹饪得比较酥烂，很适合年纪大、牙口不好的人吃。根据考古研究成果，我们发现古人的牙齿远不如现代人，往往到了四五十岁一口牙就掉得七七八八，做官的人年龄不会太小，因此菜肴酥烂一些才比较容易吃下去。在选料上，官府菜往往不选用较为特殊或者容易引人反感的食材，比如不用内陆地区比较少见的海鲜、不用让人不悦的臭豆腐、牛蛙、鳄鱼、狗肉等。也就是说，"官府菜"只采用最常见的，最不容易引起争议的食材。

　　官府菜的第三个特点是善于使用干货，并且采用较为奢侈的烹饪方式。比如说料理鱼翅、海参、燕窝这几样东西，向来都是北京谭家菜的拿手好戏，用十几只鸡炖出来的高汤吊，成本很高昂，一般的老百姓消费不起。当今的婚宴上往往也有鱼翅、海参一类的菜肴，

1　饮食仪轨指饮食的礼仪规矩，尤其强调礼仪的整体性和一致性，比具体的餐桌礼仪含义要广。

小知识　辣椒传入中国三百年后，大约在清末，已经遍及中国南方各处，成为最常见的佐餐副食。不过辣椒的传播有着强烈的阶级分隔，清末民初的社会上层菜式普遍不接受辣椒；也就是说，在中国传统饮食阶级分野中，只有庶民菜和江湖菜有辣椒，而官府菜则几乎没有辣椒。

由于不舍得下本钱烹制高汤，很多饭店烹饪得不佳，婚宴结束后剩下很多，可见这种菜不是口餐的，而是用来目餐[1]的。菜品讲究排场，这种风气是由官府菜肇始的，是社会下层民众对上层精英的模仿，此后民间的婚宴也承袭了，因此婚宴也具有官府菜的某些特色。

南北两个谭家菜，其实就是不同地域的"官府菜"的最佳代表，北谭家是清末的广东籍官员谭宗浚、谭篆青父子，虽然居住在北京，但是取材颇有粤菜的特色；南谭家是谭延闿的家菜，谭延闿字组庵，因此他家的菜往往又称为组庵菜。20世纪20年代从业于长沙奇珍阁酒楼的江金声曾经记录下一份谭延闿家的宴席菜单，如下：

· 四冷碟：云威火腿、油酥银杏、软酥鲫鱼、口蘑素丝

· 四热碟：溏心鲍脯、番茄虾仁、金钱鸡饼、鸡油冬菇

· 八大菜：组庵鱼翅、羔汤鹿筋、麻仁鸽蛋、鸭淋粉松、清蒸鲫鱼、组庵豆腐、冰糖山药、鸡片芥兰汤

· 席面菜：叉烧乳猪（双麻饼、荷叶夹随上）

· 四随菜：辣椒金钩肉丁、烧菜心、醋溜红菜苔、虾仁蒸蛋

· 席中上一道"鸳鸯酥盒"点心

· 席尾上水果四色[2]

1　口餐、目餐之语出自《随园食单》，指食物用来摆排场的作用强于食用的价值。

2　范命辉：《湘菜谱》，湖南科学技术出版社，2012年版，第9页。

　　组庵菜系中，最出名的当为"组庵鱼翅"（一说是"组庵玉结鱼翅"）和"组庵豆腐"。"组庵豆腐"一馔，据传发明创始人为杨翰（号息柯，宛平人，清末曾任永州知府，善书法，爱与文人学者往还，曾经手修复长沙贾太傅祠和定王台），组庵菜是继承了杨翰的制作方法，并加以发展的。北京谭家菜的传承沿袭了广东由姜侍主持中馈的做法，最早由谭篆青的如夫人赵荔凤（广东顺德人）主持，后由家厨彭长海传承。他主持的燕翅席菜单如下：

　　六热碟：叉烧肉、红烧鸭肝、蒜蓉干贝、五香鱼、软炸鸡、烤香肠

　　八大菜：黄焖鱼翅、清汤燕菜、原汁鲍鱼、扒大乌参、草菇蒸鸡、银耳素烩、清蒸鳜鱼、柴把鸭子

　　汤：清汤哈士蟆甜菜：核桃酪（随上麻蓉包、酥盒子甜咸二点心）席尾四干果、四鲜果（随上安溪铁观音茶一道）[1]

　　比较南北两个谭家菜，我们不难发现尽管出自的地域不同，一个是广东籍官员在北京的官府，一个是湖南籍官员在南京的官府，两者的烹饪手法和选材却有很多相似之处。首先是烹饪上善于使用红烧、软扒、高汤、酥炸的手法，手法比较复杂，未经长期训练的厨师难以掌握；选材上善于使用鱼翅、海参、干贝、干鲍等昂贵的

1　朱伟：《考吃》，中国人民大学出版社，2005 年版，第 251 页。

海味干货，也有松茸、银耳一类的山味干货。其余的蔬菜和肉类都是比较常见的猪肉、牛肉、羊肉、菜心、菜苔、鳜鱼、鸡等食材，没有特别奇特的食材。从口味上来说，北京谭家菜更尊重食材的原味，调味品除了盐以外，主要靠高汤提鲜；湖南谭家菜更注重调味，但是从菜式上看，味道偏甜、咸，没有刺激性的味道。

　　中国是个地域辽阔的国家，官府菜的形式在各个地方可能略有不同，但其精髓不外乎就是讲套路、味道和取材中庸、菜品摆排场。它的优点则在于善于使用名贵食材，味道能被大多数人接受。"官府菜"没有特别突出的个性，但对于天南地北赴任的官员和随从，特色不突出的菜式往往最容易适应，迎来送往中最不容易出差错。但是官府菜的传承在20世纪40年代以后遭受重创，当今官府菜只剩下国宴尚有成体系的传承，其余的官府菜只残存一些片段，不成一个完整的体系了。

　　综合来说，中国饮食的阶级分野和特征可见图 3-1：其中宫廷菜和世家菜属于官府菜的范畴，商人菜和庶民菜属于江湖菜的范畴，而文人菜介乎两者之间。辛亥革命以后，宫廷菜和世家菜的厨师有不少人离开了原主人的府邸，开办了一些面向上流社会的餐厅，如驻藏帮办大臣凤全的家厨李九如在成都开办了聚丰园，谭延闿的家厨曹荩臣在长沙开办了健乐园，开启了官府菜进入大众视野的先河。

1949 年以后，更多的官府菜厨师融入了民间，虽有一些零星的官府菜得到了传承，但原有的体系已经被打碎，致使中国的饮食文化呈现出碎片化的状态。这种碎片化的饮食文化结构对 1978 年以后的中国饮食文化有深远的影响，当中国饮食文化重新建立起新的体系时，原有的传承体系已不复见，只有碎片化的饮食文化片段得到了重新利用。

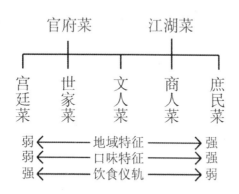

图 3-1 中国饮食的阶级分野和特征

如果打一个不太贴切的比方，那么原来的中国饮食文化就好比一套四合院，有正房、跨院、影壁、东西厢房、倒座房，如同饮食文化中有各种阶级、地域、体系的传承。而革命以后，就好比把四

小知识

麦辣鸡翅和麦辣鸡腿汉堡是中国麦当劳最受欢迎的常设产品，甚至没有不辣的版本可供选择，传统的麦当劳鸡翅并没有在中国贩售。

合院的房子全部拆散了，原来的结构荡然无存，但是当我们重新在原址上建起一座新楼时，使用了很多原来的砖块，这些砖块就是原有的菜式做法和片段化的仪式、习俗，然而在新建楼房时，大厅也许用了原来影壁的砖块，也可能用了原来跨院的砖块，把原来并不属于同一结构的砖块拼凑到了一起，形成了新的结构。这就是中国饮食文化近百年来最显著的特征，即打破原有结构，使体系碎片化，再重新构成新的结构，我们可以在一些片段上依稀看见以往的痕迹，但通观整体，再也不是以前的那个四合院了。

第 二 节

庶民的饮食

　　在中国漫长的历史中，平民百姓长期在温饱线上挣扎，地主的租，朝廷的税，地方上的各种摊派，都是农民身上沉重的负担，历史上中国农民即使有能够吃饱的时候，也不会吃得太好。辣椒自从进入中国饮食，便是平民的恩物，价廉味重，下饭再好不过了。

前文说了王公贵族的饮食，这里再说说另一个极端——庶民的饮食。

《孟子·梁惠王上》中说："五亩之宅，树之以桑，五十者可以衣帛矣；鸡豚狗彘之畜，无失其时，七十者可以食肉矣；百亩之田，勿夺其时，数口之家，可以无饥矣。"畜养动物有方，七十岁的人才能吃上肉，种百亩田地得法，才能保证一家人不挨饿。可见在农业革命以前，没有改良品种、农药、化肥的帮助，温饱并不是容易的事情。事实上，在20世纪80年代以前，中国长期处在人均粮食安全线以下，也就是说直到20世纪80年代，中国人才基本解决了温饱问题。

在长期缺乏食物的状况下，庶民的饮食首先要保证食物不会中断供应，因此储存食物便成了第一要务，以淀粉为主要成分的主食是最便于保存的，干燥的大米、小麦、小米、大豆、高粱都可以保

时鲜

存很长时间。还有各种肉脯、火腿、熏肉、腊肉、鱼干、虾干，或者糟渍成肉酱、腌肉、泥螺、呛虾蟹。蔬菜可以制成咸菜、酱菜、酸菜，含蛋白质比较多的豆类则制成豆干、腐竹等。无论是发酵、盐渍、干燥，都是以保存食物为目的，而在达成这一首要目的之外，食物往往产生了与原始状态极为不同的独特风味，这是保存食物带来的副产品，当然也是庶民饮食文化的重要特征之一。

庶民饮食的另一个特征是"时鲜"，春季刚刚冒芽的豆苗，新割的韭菜还带着绿色的汁液；夏日莲蓬里剥出来脆生生的青莲子，水中捞起水淋淋的莼菜；秋季淤泥中扯出白花花的藕，树上打下甜丝丝的枣；冬季田里挖出冰凉多汁的萝卜，霜冻过的菜苔。这些让人想起都口舌生津的妙物，都不是什么昂贵的东西，但一定要现摘现吃才有最好的口味。庶民的生活与农业生产是紧紧结合在一起的，因此也最能体会这种"时鲜"的滋味。

庶民的饮食是两个极端的结合，一方面是保存极久的肉类和主食，另一方面是极鲜的，现摘现吃的蔬果。笔者在湖北恩施山区调查时，常在当地农民家吃饭，最常见的做法是把米饭和土豆混合在一起，在柴火大灶上煮熟。煮饭时，把吊在厨房梁上的熏肉割下一节来，细细地切成薄片，再到后院去摘几颗辣椒，与熏肉一起炒熟。上菜时，从腌菜的坛子里夹出几筷子酸菜或者酱菜，放在小碟子里，

这样便是一餐可以待客的食物了。如果主人家不忙于农事，那么还会再添上一份炒鸡蛋和炒青菜，饭桌上红黄青绿，甚是可观。笔者在南方山区农村见到的农家日常饮食大抵是这种类型，归结起来是粗粮、精粮、干肉、蔬果、渍物和酱菜的组合。

沿海渔村的情况又是怎样的呢？笔者在广东汕头附近的渔村也做过调查，当地人喜好吃糜（糜即粥之古称），糜中杂有番薯，盖因潮汕地区人多地少，能够种植水稻的水田更是难得，因此在主食中夹杂可以种植在山地的番薯。下饭的小菜种类非常多，常见的有生腌的贝类、虾蟹等甲壳类海鲜，鱼类则有各种腌制晒干的咸鱼，酱菜中也有特色的盐渍橄榄等物。归结起来其实和前文提到的南方山区的饮食结构很相似，也是粗粮、精粮、蔬果、鱼肉干、盐渍海鲜和酱菜的组合，只不过把猪肉换成了海边易得的鱼类和甲壳类而已。

华北农村的情况与南方有一些差别，由于华北的饮食以面食为主，也就是以"块食"为主，古代华夏族传统的"粒食"已经被放弃，因此搭配上有了一些变化。面食中的馒头、包子、饼等，一般要配汤，汤可以用小米煮成，也可以用杂菜煮，肉汤出现得并不多，但在招待客人时偶有出现。河北南部有一种"熬菜"，即把各种食材一起丢到锅里煮，因加入南瓜等淀粉含量较高的食物，故汤极浓稠，华

北各地叫法略有不同，但是形制很相似，可以视为浓汤的一种类型。北方的豆酱使用非常普遍，酱菜的种类也比较多，而且很咸，下饭的效力极大。综合来看，华北的主食更多，肉食更少，其余配菜的情况与南方差别不大。

以上提到的农村饮食只是当代的情况，那么在近代以前，中国农民的饮食是怎样的呢？晚唐诗人皮日休的《橡媪叹》中说："秋深橡子熟，散落榛芜冈。伛偻黄发媪，拾之践晨霜。移时始盈掬，尽日方满筐。几曝复几蒸，用作三冬粮。"皮日休生活在黄巢之乱爆发之前的时期，因此所看到的民间艰难景象可作为走下坡路的王朝的情况看待。

北宋欧阳修在《原弊》中说："一岁之耕供公仅足，而民食不过数月。甚者，场功甫毕，簸糠麸而食秕稗，或采橡实、畜菜根以延冬春。不幸一水旱，则相枕为饿莩。此甚可叹也！"欧阳修生活的年代大致在宋仁宗时期，史称"仁宗盛治"，可谓盛世，即便如此，民食不过数月，采橡实、畜菜根以延冬春。民间没有什么积蓄，一旦有水旱灾害，就要饿死人。

到了清代，所谓"康乾盛世"，民间的情况又是如何呢？乾隆年间山西《凤台县志》说："终岁以草根木叶杂菱稗而食，安之如命。"同时期山东《昌邑县志》说："人众物乏，无他余赢，故有终岁勤动，

不免饥寒者。"山西《孝义县志》说："良辰佳节七八口之家割肉不过一二斤，和以杂菜面粉淆乱一炊，平日则滚汤粗粝而已。"

到了清末以及民国初年，内忧外患加剧，肉食更加鲜见，白米白面也只有在节日才能吃到了，河南《密县志》说"民间常食以小米为主，黄豆及杂粮佐之，大米饭小麦面俗所珍惜，以供宾粢之需，非常食所用"。河北《滦州志》说"饮食皆以粥，贫者粟不舂而碎之以煮，谓之破米粥"。山东《临沂县志》说"农民家常便饭为煎饼稀饭，佐味为豆腐小豆腐咸菜番椒。煎饼用高粱麦菽，稀饭用谷米或黍米豇豆绿红黄地瓜胡萝卜等"。

结合民间的口述历史，六十岁以上的老人大多经历过饥馑时光，对于白米白面特加珍惜。从 20 世纪 80 年代起算，上溯一千余年，平民百姓——也就是占中国人口绝大多数的，供养着别人的农人，大致上在所谓太平盛世时期，以杂粮精粮搭配的做法可以糊口，年节祭祀能够用上肉食。在国家吏治败坏，但未至动乱时期，以杂粮为主，春荒之际辅以榆钱、树皮、橡子、野菜，勉强可以存活，年节祭祀可能会出现精粮，肉食则不可想象了。在兵荒马乱的动荡时期，或者是水旱灾害时期，动辄饿死人，连树皮、草根、观音土都可以作为食物。

在食物极度匮乏的情况下，庶民一方面要想办法尽量吃下粗粝

水旱
灾害

的杂粮，因此需要一些重口味的"下饭"副食；另一方面要尽量把食物保存起来，也就催生一大批咸肉、腌菜、酱菜，这些"下饭"的食物，都需要大量的盐来腌制保存。这也就构成了庶民饮食的两条基本线索，一是饭，二是各种"下饭"，"下饭"的食物要味道极重，要不然则达不到下饭的目的。但是中国很多地方缺乏食盐，或者食盐的供应不稳定，这样下饭的食物就要靠酸味或者辣味来弥补了。

来自美洲的辣椒，可谓是中国庶民的"恩物"了。辣椒占地不多，不挑气候、土壤，在中国大多数地方收获期长达半年，口味又重，拿来下饭，再好不过。这也是辣椒得以在清中期迅速而广泛传播到各地的最重要原因，然而直到清朝灭亡的 1911 年前后，辣椒一直无法突破阶级的界限，其流传的人群仅限于乡村庶民，有些中农、地主也会吃，但城里的饮食罕有辣味。至于贵族和世家，更不屑于尝试这种"低贱"的味道，故而曾国藩才会"偷偷"吃辣，而愧对人言。

对于饮食文化拥有较大话语权的社会上层，把辣椒视为庶民饮食中最不可接受的部分，因此贵族世家的大厨们认为辣味不符合中国传统的"食疗"原则，也不符合调和的品味原则，味觉元素过于突兀，且会破坏高级食材的原味。事实上，贵族们所忌惮的，正是庶民所追求的，庶民们要的就是辣椒的刺激、火热，能够盖掉劣质

食材的味道，能够下饭。因此贵族与庶民对于饮食的追求是截然相反的，也是不可调和的。

假如中国饮食文化没有经历 20 世纪的一系列变革，贵族的传统得到了系统的延续，而平民在近代工商业兴起后逐渐富裕起来，会模仿上层的饮食文化，并对其进行现代商业化的改造，从而产生一种以上层饮食为基础的流行饮食文化。笔者猜测假如有这种饮食文化的话，口味很可能偏于清淡，调味也许会以"香""甜"为突出的味觉特征。在这种假想的饮食文化中，辣味也许不会特别突出。

第 三 节

辣椒走向江湖

提起江湖，很多人会联想到武侠，然而官府高居于庙堂，庶民躬耕于田亩，真正在江湖上"兴风作浪"的是商人，他们雇用武师，形成帮派，运粮的青帮，贩盐的盐帮。在小说家的渲染下，原是主角的商人被隐去了，反而突出了武人的形象。自中国近代开埠，城市工商业阶层崛起，"江湖菜"应运而生。

"江湖菜"是一个最近几十年才流行起来的概念，一般是指发迹于市井之间，口味浓烈奔放，食材廉价易得，烹饪手法粗放杂糅的菜肴。江湖菜的流行，伴随着近三十年来中国史无前例的人口流动，以及繁荣的市场经济发展，从各地不见经传的小饭馆走出去，发展成席卷全国的一波波饮食浪潮。江湖菜之名虽新，但江湖菜之实却是古已有之的，它是处于官府与庶民之间的一种饮食类型。制作江湖菜的目的既不是为了礼仪招待，也不是为了自家果腹，而是以出售为目的。江湖菜出自市肆商人之手，也落入走南闯北的商人之腹。江湖二字的含义，本来指在中国历史上至关重要的漕运，由于以前最为便捷的运输方式乃船运，因此沿江靠湖的各处码头成为商贾云集的辐辏，人聚集得多了，就有了各种码头帮会。近代以来影响甚大的青帮便是由粮船帮衍变而来的。现代汉语常说的"拜码头""跑

江湖"这些词语，就有漕运文化的影子。上海人至今称沪菜为本帮菜，称杭菜为杭帮菜，所谓"帮口"也是漕运文化的遗存。

　　江湖是有帮派的，江湖菜也有帮派，如今常说的四大菜系、八大菜系，便是这些江湖的帮派。各帮派的独门绝艺各有千秋，比方说淮扬菜的刀工菜，四川菜的麻辣口味，粤菜的海鲜。江湖菜是不上庙堂的，因此带有借鉴自下层劳苦大众的浓烈风味。20世纪初从宜昌到重庆一线的纤夫，他们从事重体力劳动，能量消耗很大，因此需要补充蛋白质。可是精肉的价格又很贵，纤夫们消费不起，便只好吃些下水、不太新鲜的肉类。这些食材较为腥臭，因此需要用比较浓烈的作料盖过食材的本味，所以就有了"麻辣烫""毛血旺""红油火锅"一类的菜式，这一类菜式原本只在下层人民中流行。民国时期成都许多有名的四川菜馆，比如聚丰园、荣乐园等，它们的拿手菜有填鸭、鱼翅宴、开水白菜之类，都是近乎官府菜的菜式，并没有当今川菜的身影。可见当年的达官贵人们，是不屑于底层的流行的。

　　民国时期的成都，与上述的"筵席馆子"并行的是一路"红锅馆子"，[1]这类馆子的拿手菜有"花椒鸡""脆皮鱼""醉虾"一类，

―――――――――――――

1　朱多生：《民国时期的成都餐馆初探》，《楚雄师范学院学报》，2013，28（07）：11-19、26。

图 3-2 晨曦中的大运河 [1]

---

1 此画由跟随阿美士德（William Amherst）使团来华的画家威廉·哈威（William Havell）所绘，时间大致是 1816 年至 1817 年，地点是北京附近。

稍有当今川菜的影子，却也没有特别突出的麻辣。与"筵席馆子"需要提前几日预订不同，"红锅馆子"卖的是随堂蒸炒的菜式，价钱实惠，不过"红锅馆子"的消费群体是城市中产阶层，底层人民还是吃不起的。"红锅馆子"菜式流行的时候正是抗战时期，中国东部的精英阶层大批涌入四川，他们原来习惯的筵席是吃不起了，小馆子还是可以常常光顾的；这些内迁的各级官员、大学师生在战后回迁，也把来自四川的味道带到了各地，可以说江湖菜的滥觞与这一番经历是有关联的。

江湖菜在当今中国的地位还是靠近三十年的大规模移民奠定的。中国近三十年城市化的主力是农村务工人员，他们把浓郁的地方口味恰到好处地融入到城市的快节奏生活中，形成了如今可以在任何一个城市找到的典型江湖菜。近年来流行的菜式都逃不脱江湖菜的范式，比如说"万州烤鱼""麻辣香锅""东北烤串""麻辣小龙虾""红油火锅""台湾牛肉面""炸鸡排""重庆小面"。这些菜都有几个突出的特点，首先是食材的廉价易得，"江湖菜"的食材选择很广泛，不排斥"官府菜"不采用的杂碎、偏门食材，甚至一些会引起厌恶的食材也可入菜，比如鳄鱼肉、蛇肉、狗肉。其次是调味凶猛热烈，传统的中国菜放作料不过几钱几两，现在的"江湖菜"放起辣椒花椒都是以斤计算的量。一些味道过于浓郁而被视

伴随着清朝的没落，中国传统的官宦家族和附生于清政权的满蒙勋贵也走到历史的尽头，官府菜的体系在 20 世纪的历次革命中被冲击得七零八落，不成气候；随着中国近代化进程的推进，沿海和沿江各处码头陆续开埠，新兴的市民阶级逐渐形成自己的饮食风尚，江湖菜也成为中国饮食风头最盛的牌面。

为应当谨慎使用的茴香、八角、孜然一类香料，"江湖菜"也是从不吝惜分量地使用，当然这个特点也是和食材的廉价有关系的。

"江湖菜"的优点也和它的缺点一样鲜明，"江湖菜"是讲究不停顿的，烤串是烤好即上的，甚至是边烤边吃，《随园食单》里《戒停顿篇》提到"物味取鲜，全在起锅时极锋而试；略为停顿，便如霉过衣裳，虽锦绣绮罗，亦晦闷而旧气可憎矣"。广东街边最廉价的江湖小吃有一道"紫苏炒田螺"，食材极廉，调味极重，且往往泥沙不净，然而猛火快炒，起锅上菜一气呵成，深得不停顿之要诀。清代文典中记载清宫御膳，往往前一日做好置之蒸笼中，一俟主人呼"传膳"，便可通行齐上，虽然几十道菜摆开来甚是好看，其中焉有佳味？怪不得慈禧、光绪不爱吃御膳房的菜，在寝宫之侧私设小伙房，无非是想吃个新鲜热乎的菜罢了。

江湖菜来自商人阶层，自有一种朴实热烈的气息，《随园食单》的戒单中提到的官府菜的几个毛病"耳餐""目食""穿凿""停顿"，江湖菜大多不犯，不耳餐是不图食材的名贵；不目食是不讲究花样多，用心做好一两道招牌菜；不穿凿是不违背食材的本性做一些牵强附会的菜式。这些都是江湖菜深得饮食正要的地方。

民国初年，随着旧秩序的解体，民族资本主义的兴起，中国的主要大城市都兴起了一波崇尚饮食奢靡的风气，最突出的例子莫过于上

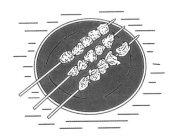

海、广州、成都、武汉、长沙等南方的大城市。这一时期享用美食的群体，已经从原来官员、地主扩展到了城市的工商业阶层，而这些人的饮食习惯又与旧官绅极为不同，成席成宴的排场并不是最重要的元素，新兴的城市中层需要的是口味浓郁、变化繁多的菜式，他们追求新颖、刺激，视旧官场的一套饮食习惯为迂腐过时的东西，因此中国饮食在清末民初这一时期迎来了巨大的变化，即江湖菜的盛行。

江湖菜盛行的背景是民国初年至抗日战争以前城市人口的激增，1910 年至 1935 年间中国的总人口由 4.2 亿增长至 4.8 亿，而城市人口却增长了一倍。这一时期南方的城市增长很快，但北方的城市受到多重因素的制约，尤其是军阀内战反复拉锯的影响，增长要比南方慢很多。因此依赖于城市平民的饮食文化，也以南方为盛，北方则要逊色不少。周作人曾给北方的饮食文化下过断语：

据我的观察来说，中国南北两路的点心，根本性质上有一个很大的区别。简单地下一句断语，北方的点心是常食的性质，南方的则是闲食。我们只看北京人家做饺子馄饨面总是十分苦实，馅决不考究，面用芝麻酱拌，最好也只是炸酱；馒头全是实心。本来是代饭用的，只要吃饱就好，所以并不求精。[1]

1　周作人：《知堂谈吃》，中华书局，2017 年版，第 362 页。

　　江湖菜与官府菜最重要的区别在于其消费者，江湖菜只有在近代以来诞生的社会中下层人群中才有市场，而官府菜的主要消费者在朝堂之上，与平民百姓是没有什么瓜葛的。因此江湖菜的发展来自于有一定规模，具有一定经济实力的城市平民。在近代兴起的商业城市中，江湖菜的消费人群大量产生，庞大的消费群体往往汇聚了周边的厨师和跨地区的烹饪技法，从而使得江湖菜的烹饪水平得以迅速提高，变化多样，以迎合平民阶层不断变化的口味和喜新厌旧的心态。

　　近代商业城市的兴起与通商口岸的开设有密切关系，广州、上海作为首先对外开放的城市，其工商业的兴起直接带来了饮食行业的兴盛，因此这两个城市的平民饮食文化至今仍是最为发达的。1858 年《天津条约》开放了长江沿岸的汉口、九江、南京、镇江，此后的《北京条约》又增开了天津，1902 年的《续议通商行船条约》又开放了长沙、万县、安庆等城市，到了清末，通商口岸增至 104 个，这些大大小小的通商口岸都有不同程度的商业发展，据清末官方编印的《湖南商事习惯报告书》，当时长沙小吃商人"夜行摇铜佩、敲小梆为号，至四五鼓不已"。1891 年开埠的重庆，是中国第一个内陆通商口岸，由于地处长江航线末端，各地的商贩和饮食都在此汇集。重庆火锅最初只是船工用来吃动物内脏的办法，20 世纪

30 年代则被改良成饭馆常见的市民食品，食材也不再限于下水。民国初期至抗日战争爆发以前，沿海、沿江的大中城市迅速发展，饮食文化也呈现出平民化和商业化的态势。

张恨水曾经记载四川官府菜向江湖菜的转化：几度革命后……许多私家雇用的厨子，大都转至于馆。[1] 可见旧时的官员士绅家族，随着政治格局的剧变而流入寻常巷陌之间是当时的普遍现象。而介于官府菜和江湖菜之间的文人菜，也出现了类似的转化，李劼人于 20 世纪 30 年代开设的小雅轩餐厅便是代表，李劼人大学教授的身份，使得"成大教授不当教授开酒馆，师大学生不当学生当堂倌"成为当时成都报纸热议的话题。改良川菜的著名厨师黄敬临曾在 20 世纪 30 年代于成都开办了著名的"姑姑筵"饭店，这是一家宴席馆子，其菜品即近似于官府菜的品味，出名的菜品有开水白菜、樟茶鸭、青筒鱼、软炸扳指、蝴蝶海参等，其中辣味不多，主要以鲜香为特色。同时，原本经营宴席菜的饭馆也对菜式进行改良，以适应大众的就餐需求，20 世纪 30 年代的荣乐园掌柜兰光鉴就对就餐的结构进行了很大调整，将原来席面上的四冷碟、四热碟、八大菜、手碟、对碗、中席点心、糖碗全部进行调整，只在开席时上四个冷碟或是热碟（夏

1　曾智中、尤德彦：《张恨水说重庆》，四川文艺出版社，2007 年版，第 270 页。

季冷碟，冬季热碟），随后就是几道主菜，最后上一道汤配饭吃。可以把原来的燕窝席、鱼翅席、鲍鱼席上的一两道精华菜品纳入其中，又减少了为摆排场而充数的次等菜肴，价格也比较贴近中产阶级的消费能力。随后聚丰园等宴席馆子也跟进改良，这些改良后的官府菜式已经趋近当代中餐的席面格局。民国时期成都的馆子经营的菜品大多也并不辣，汪曾祺回忆四川籍的李一氓吃川菜，大抵是鱼香肉丝、回锅肉、豆瓣鱼等几样，[1]虽然调味比较复杂，但辣味却不很重。也许当时的底层市民已经开始吃辣味较重的食物，但不见于记载。

1932 年，国民政府开始筹建战时后方，全力经营四川、陕西、云南。大批工厂、机关、学校随着大量人口迁入四川、陕西、云南，进而带来了工商业和饮食业的黄金时期。其中重庆、昆明、成都和西安四座西部城市在抗战时期发展最快，战时这四座城市的人口至少翻了三倍，人口的大迁徙带来各地饮食文化的交融，从抗战时期的教师、官员、学生、军人的记录来看，这一时期西部四大城市出现的饮食品类皆有大幅度的增长，且以中低档餐厅增长最快。[2]

民国时期，随着平民阶层逐渐成为餐馆用餐的主顾，餐饮的风味也开始出现了转向，即从原来的模仿官府菜的宴席样式，逐渐转

1　汪曾祺：《人间滋味》，天津人民出版社，2014 年版，第 140 页。

2　尚雪云：《民国西安饮食业发展初探》，硕士论文，陕西师范大学，2015 年，第 16 页。

化为现在大家所熟悉的中餐馆的用餐样式，需要预订的菜品大幅度减少，即席菜大量增加，海参、鱼翅、燕窝一类的高价菜品减少，家常样式的菜品有所增加。最突出的例子是成都，民国初年本来平分秋色的"宴席馆子"和"红锅馆子"，到了抗战后期就变成了以"红锅馆子"居多，模仿官府菜的"宴席馆子"渐次减少。西安和昆明也出现了类似的情境，根据汪曾祺的记载，昆明的小吃和小餐馆品类逐渐增加，工艺也日趋精细，而高档宴席则由于其烦琐、昂贵而逐渐少人问津。但即使平民化的饮食逐渐在城市中居于主流，平民饮食的风尚仍然尊崇官府的价值取向，尤其在口味上不尚过分刺激，尽量取较为平和的味道。笔者的母亲家世代居于长沙城内，外祖母出生于民国二十一年（1932 年），在她的印象中，1949 年以前长沙城内的饭馆菜肴多为不辣，即使有少数放辣椒的，也只是作为点缀而已，并不会一味突出辛辣。在她的印象中，旧时饭馆菜肴最突出的味道反而是甜味和油腻，只有街边挑担的小贩会售卖一些口味比较重的食物，对于现在长沙城内饮食调味以辣味为主的情况，她认为是"乡里人的习惯"，城里的饮食原本是不太辣的，就是乡下人进城多了才变得辣了。

　　武汉的情况则更为复杂，民国时期武汉仍分为汉口、汉阳、武昌三镇，以汉口最为发达，由于其地理位置处于长江中游，南北荟

小知识

麦当劳在中国云贵川地区（传统上中国最能吃辣的区域之一）提供额外的辣椒蘸粉调味包，以满足那些超级嗜辣的顾客。也许在麦当劳产品设计者的观念里，只要一款产品是辣的，那么就能在中国卖得好；如果这款产品又辣又便宜（使用较为廉价的鸡肉），那么它将会是中国麦当劳的销量冠军。

萃之地，因此饮食文化格局受到西边的川系影响，又受到东边的徽系影响，同时兼有南北的风味特色。民国时期的汉口餐饮基本上可以分为四种类型，即酒楼、包席馆、饭馆、小吃。其中尤以川系和徽系最为突出，酒楼和包席馆的菜肴很类似，都走的官府菜的路子，但经营方式却有不同，酒楼有楼面雅座，顾客到店就餐，而包席馆主要承包大户人家的上门筵席，顾客在家就餐。饭馆和小吃基本上属于江湖菜的体系，饭馆一般有就餐场所，而小吃则是沿街挑担摆卖。酒楼中最有名气的有川系的味腴别墅和蜀珍酒家，出名的菜品有爆虾仁、爆双脆（肚尖、腰花合爆）、炖银耳鸽蛋、鱼翅海参、豆瓣鲫鱼，沿袭川系官府菜的路子。徽系的有同庆楼、大中华、新兴楼，出名的菜品有红烧鱼、黄焖鸡、抓炒鱼片、焦溜里脊等菜式。[1] 而现代的武汉菜则脱胎于徽系和川系的共同影响，原本亦少有辣味菜肴，从当今的武汉本地饮食来看，脱胎于徽菜的品类颇多，亦有不少来自当地的再创造。然而在辣味菜肴席卷全国的趋势下，地处通衢的武汉饮食文化迅速地变为以辣味为主，这其中不乏地理位置的原因。

从各方文献记载来看，在传统吃辣区域内的乡村，辣味菜肴是普及的，但是在成都、昆明、西安、武汉、长沙这些大城市中，尽

---

1 姚伟钧：《民国时期武汉的饮食文化》，《楚雄师范学院学报》，2013，28（07）：6-10。

管被吃辣的乡村所包围，直到民国末期，饭馆的菜式大多也不辣。
这些城市的口味转向以辣味为突出特征，实际上是很近期的事情，
大致在人口得以自由流动的 20 世纪 80 年代以后，也就是说，由于
变革导致的原有的阶级饮食文化结构破碎，才发生了辣味在吃辣区
域内的从农村向城市的扩散。

A history

of

chili pepper

in China

第 四 节

廉价的流行

> 在现代化的进程中，廉价而热烈的辣味，首先在满地
> 碎片的饮食文化中被拣选出来，成为传遍全国的滋味，伴
> 随着中国人热火朝天建设现代化的历程。

前文已经说明了辣椒和以辣椒作为主要调味料的菜肴属于江湖菜和庶民菜，是传统中国社会底层的饮食习惯，在1949年以前，这种饮食习惯仅限于社会中下层，即使在传统食辣区域的城市中，辣味菜肴也并不占优势。在传统的饮食文化阶级格局碎片化之后，辣味得以打破阶级局限而发生流散，但辣味饮食仍然局限于传统的食辣地理区域内，未能扩散到全国范围。辣味的流行是近三十年来的一个突出饮食现象，是伴随着中国饮食的商品化过程、中国的快速城市化进程而产生的现象，本节主要着眼于饮食的商品化进程，对辣椒饮食的扩散做出解释。

江湖菜和庶民菜都有强烈的地域特征，南方贫穷山区的庶民菜尤其依赖辣椒作为重要的下饭菜，但由于庶民菜往往是一家一户的家常菜，很难在市场上获得广泛的认可，因此庶民菜并不是辣椒菜肴传播的主力推手。改革开放以后真正在市场上获得广泛认可，并且能够在全国带起辣椒流行的还是江湖菜，也就是饮食市场化中的主要力量。

　　与辣椒流行最密切相关的是辣味菜肴的价格，在城市居民的一般印象中，辣味菜肴较之于其他的菜肴要廉价，因此价格是解释辣味流行的一个重要依据。

　　表3-1列出了大众点评网站收录的全国传统菜系的就餐人均消费价格：

表 3-1 传统地域菜系各类型的就餐人均消费价格
（单位：元，数据来自大众点评网站）

江浙菜	鲁菜	粤菜	北京菜	豫菜	川菜	云贵菜	湖北菜	湘菜	台湾菜	江西菜	东北菜	新疆菜	西北菜
117	115	115	99	85	66	65	64	58	56	47	46	42	39

　　从中可以看出，按照地域分类的传统菜系中，江浙菜、鲁菜和粤菜稳稳地占据了价格的第一梯队，而北京菜、豫菜则占据了价格的中等段位，川菜、云贵菜、湖北菜、湘菜，这四种来自传统辣味饮食区域的菜系则占据了点菜餐馆的低价段位。价格最低的几种地域菜类型，即台湾菜、江西菜、东北菜、新疆菜、西北菜，实际上大多是快餐小吃与中餐馆之间的过渡品类，如江西菜馆中近半以"瓦罐汤"命名，而东北菜中有三分之一以"饺子"作为招牌，西北菜和新疆菜中有不少面馆，其中"兰州拉面"更类似于快餐店，但由于同时也经营点菜，因此也被笼统地计入餐馆范畴。因此如果严格限定中餐馆的类型，那

么川菜、云贵菜、湖北菜、湘菜这四种地域菜系则是最低价的类型，而这四种类型恰恰正是辣味菜肴的典型。这一统计结果印证了人们一般印象中辣味菜肴比较廉价的印象。

食品的工业化和商品化也是辣椒和辣椒衍生出的调味品流行的重要基础。众所周知，商品生产是以企业追求利润的最大化为目标的，而在食品工业中，为了追求利润的最大化，必然要采用廉价的食材，并且以味觉特征强烈的调味品来赋予产品某种风味。在廉价的商品化辣味食品中，近十年来在中国最为流行的莫过于"辣条"。辣条是一种零食，主要原料是小麦粉和辣椒，并含有一定量的食品添加剂。辣条起源于湖南平江县，湖南平江县有悠久的酱豆干制作历史，也是平江县食品工业的重要组成部分，1998 年长江中下游地区发生重大洪涝灾害，农产品损失严重，平江县酱豆干的主要原料大豆价格高涨，当地企业为了维持生计，不得不采用较廉价的小麦粉替代大豆生产，因此产生了这种面筋类零食，为了改善口味，当地企业在传统酱豆干的配方上做出了调整，加重了甜味和辣味，产品面向市场后获得了广泛的认可，主要是在经济欠发达地区的青少年中广为流行。湖南辣条风靡全国后，由于其制作工艺简单，容易模仿，河南省也迅速加入了辣条生产的大军，其配方基本维持不变，而在河南则出现了辣条生产的大型代表性企业——卫龙。从辣条短短十余年的风靡全国历程来看，

其重要的特征有以下几点：一、脱胎于传统食品，辣条的口味模仿平江县传统食品酱豆干，辣味的口味风格突出；二、制作工艺简单，易于模仿和传播，价格低廉，容易在内陆收入不高的地区取得市场份额；三、风味突出，易于保存，大量添加辛辣调味料的食品本身即有防腐的特质，加上强烈的特殊风味，容易获得市场的认可。

除了辣条，在中国近三十年来的城市化和工业化背景下，大量的方便辣味休闲零食被市场广泛认可，形成了在主流餐饮以外的另一个辣味休闲零食市场，辣味零食以其便于保存、携带，风味浓郁，而获得了城市化进程中的大量市场份额。我们必须注意到，辣味零食流行的背景是中国的城市正在迅速地从地域性城市向移民城市转化，在中国的特大城市中，移民人口已经占到或者接近于城市常住人口的一半或者更高。大规模的移民群体势必带来口味的重大变化，原有的巨大差异的地域性城市口味正在被迅速统一，而现阶段在全国范围内占据主导的口味则是辣味。在中国大大小小的城市中，不难看到各种便利店、小卖部售卖包括辣条、麻辣小鱼、辣豆干、泡椒凤爪、辣鸭脖、辣蚕豆等辣味零食的景象。这种景象的地域差异不大，从南到北、从东到西，虽然品牌略有差异，但辣味的盛行是显而易见的。

为什么是辣味，而不是其他的味道能够盛行全国呢？在当代食品工业的工艺条件下，其实咸味、酸味、甜味的食品都有可能被制作成

保质期较长的商品，而工业化的调味品又能够以较低的成本制造出较廉价的口味，比如说以安赛蜜代替蔗糖，以柠檬酸代替醋酸，都可以生产较为廉价而口味浓郁的零食，为什么是辣味得以独步天下？

其实中国的辣味零食的味觉元素仍然在模拟传统平民饮食的味觉特征，也就是说，由于长期处于农业内卷化的条件下，如第一章所言，中国农民的副食品被严重地压缩到用以"下饭"的调味副食，也就是以咸味和酸味为基本特征，并加入刺激性的辛香料增加风味的调味副食。甜味作为一种在前工业化时代比较高价的调味品，在中国一直没有能够形成普遍的流行，也就是说，甜味并非中国传统平民饮食的味觉特征，即使在工业化时代甜味变得廉价而易于取得，中国人这种流传已久的味觉偏好仍然有强大的韧性维持下去。因此在欧洲和北美零食中居于绝对主导地位的甜味，在中国并不盛行。辣味和咸味或者酸味的搭配是中国人最为习惯的调味，在中国前工业化时代，零食的主要口味是咸味和酸味，如各种炒豆子、豆干、花生、瓜子等物，都是咸味的；而辣味的添加又能够促进唾液分泌，增进食欲，致使食用者有种"停不下来"的感觉，更促进了辣味零食的流行。

辣味的流行可以用工业化时代普遍出现的平民阶层的"士绅化"（gentrification）概念进行解释，鲁斯·格拉斯（Ruth Glass）最早提出的士绅化概念，是指伦敦街区中，中产阶级逐渐迁居原本属于工人阶

级的社区，从而改变了这一社区的面貌，最终使得工人阶级被迫搬离生活成本日益上升的社区的现象。在西方社会中，也常指后工业化时代整体生活水平上升，从而导致旧的工人阶级社区逐渐式微，中产阶级逐渐兴起的城市街区状态。辣椒在中国的流行也可以采用这一概念来解释，辣椒原是贫农的食物，而当中国进入工业化时代，这种食物被大量的来自农村的移民带入到城市的饮食文化中，反而成为新移民的象征性食物。辣椒原本的乡村食物的标签被逐渐剥离，反而成为工业化城市中的标志性食物，随着食用辣椒人群的社会地位不断上升，经济状况不断改善，作为饮食文化的一部分辣椒食用文化仍然有很强的韧性，也就是常见的物质先于文化改变的情境，这时辣椒食用虽然仍然廉价，但原来的社会阶层属性却变得模糊不清了。

　　同样的情况也发生在西欧和北美的土豆食用上，土豆和辣椒一样，原本都是在穷人里流行起来的食物，三百年前的欧洲，土豆的地位和中国人在一百年前看待辣椒的地位差不多，都是穷人的食物，贵族士胄家庭拒绝这种新冒出来的食物，欧洲人认为《圣经》中没有提到土豆，因此这是一种野蛮人的食物；而土豆又是生长在地下的，和高贵挺拔的麦穗的形象不可同日而语，不配作为日常的食物。可是欧洲的穷人却不能在选择食物的时候挑挑拣拣，高产、对土壤条件不挑剔、适应各种气候、生长期短的土豆迅速地占领了穷人的餐桌。虽然贵族们仍

然不屑于吃土豆，但到了 18 世纪末期，土豆已经在欧洲遍地开花。随着底层的欧洲人大量地移民北美，土豆食用的范式也随着移民来到北美，然而土豆这种食物到了美国之后却不再体现鲜明的阶级界限，逐渐成为绝大多数人能接受的普遍食物，在美国的消费文化背景下产生薯条、薯片等许多以土豆为原料的产品。20 世纪中叶以后，随着以麦当劳为代表的美国饮食文化反传回欧洲，土豆这种原本在欧洲被人看不起的食物摇身一变成为美国文化的代表，彻底翻身成了快餐文化的代表。中国的辣椒饮食与土豆在西欧和北美的经历有着异曲同工之妙，都是作为穷人的食物，都是经历了巨大的社会经济变迁，都在变迁之后被赋予了新的文化标签和定义，都在工业化时代后普遍地流行起来。

第 五 节

移民的口味

从1978年至今，中国发生了当代全球最大规模的人口迁徙，城镇化率从1978年的17.92%剧增到2016年的56.10%。这样大规模的人口流动，不可能不伴随着一系列的社会剧变，饮食文化自然也发生了翻天覆地的变化。

中国的饮食文化正在发生巨变，从地域划分来说，传统的地域格局已经被打破；从阶层划分来说，革命带来的饮食文化碎片化状态逐渐向更分明的阶层饮食分化改变；从饮食结构来说，原有的以温饱为最主要目标的饮食文化，即消费大量碳水化合物的饮食文化主体，逐渐向更多元化的消费演进，自给性的饮食逐渐转化为商品性的饮食，最主要的特征是主食的淡化，副食的消费比重增加。

在中国急速成长的大型城市中，几乎无一例外地受到了辣味饮食的冲击，对于那些地处传统辣味饮食区域以外的城市，辣味饮食的泛滥同时也意味着对本地传统饮食的重大挑战。这种饮食文化转变的发生，实际上是中国传统地域城市向现代移民城市转型的一种表征，辣味的泛滥是众多的文化表征之一。在传统地域城市向现代移民城市转型的过程中，城市的人文景观、自然景观都在发生变化，在人文景观中，地方语言的衰微、地方传统文化的解体、传统社会团体和组织的消解、地方饮食文化的衰微都是变化的表征，辣味的

扩散是一种引人注目的表征。然而这种变化是怎样发生的呢？其背后的机理如何？

我们很容易直观地认为移民导致辣味饮食的扩散，主要是由于移民的迁出地位于传统辣味饮食地理区域，从而导致这些移民进入城市的时候，把原来的饮食习惯带入了大城市。比如说来自四川的厨师和农民工来到北京工作，农民工要吃川菜，厨师也开起了川菜馆，顺其自然地把四川菜也带到了北京，然而这个直观的理解无法回避两个难以解释的问题。

第一个问题是，尽管一些城市接纳的移民并非来自传统食辣区域，但是辣味餐馆比例依旧伴随着移民的大量进入而提高。以北京为例，来自四川、湖南、贵州、云南的移民占移民总数不足10%，大量的移民来自非传统吃辣区域的安徽、山东、江苏、河南、河北、辽宁、山西等省份。东北地区的城市更是如此，沈阳、大连的移民大多来自东北其他地区，来自传统吃辣区域的移民很少，而这些城市的辣味餐馆占的比例却很高。除了北京、沈阳、大连以外，天津、郑州、青岛、济南等城市也有类似情况。南方的移民城市中，来自传统吃辣区域的移民比例很高，如广东的广州、深圳，湖南籍移民几乎占了三分之一，因此还可以解释为移民带来了辣味饮食习惯。但华东的情况就比较费解了，上海、杭州、

时尚

苏州这些城市本身的饮食文化很少有辣椒成分，移民的来源地也主要集中在大致处于非传统吃辣区域的华东地区，诸如安徽、江苏、浙江等省，但是奇怪的是，这些城市的辣味餐馆比例也伴随着移民比例的提高而提高。为什么这些较少接纳传统食辣区域移民的城市中，辣味餐馆的数量仍然庞大？

第二个问题是，一般而言，在城市化的进程中，来自欠发达地区的移民到了发达的城市后，往往会选择仰慕、乃至接受城市的生活方式和标志性文化，有一些移民会主动摈弃本身的文化以迎合城市的价值取向。在服饰上我们可以看到明显的标志，农民在进城务工之后，很少有人会主动选择保持原来的衣着，他们会以城市人的服饰为时尚的标志，对自己的穿着方式进行改造，当这些人返回故乡时，往往也会把城市的服饰文化带回家乡，有些甚至成为村里人争相模仿的范例。笔者在农村调查时，常常看到农户新建的住宅中使用了城市住宅所常见的生活设备，如淋浴设备、坐便器等，有时候家里的老人用不习惯，反而成了摆设和累赘，这种行为也可以充分地反映出对城市生活的模仿，为什么到了辣椒这里，情况就反过来了？住的、穿的都要模仿城里人，吃的却独独例外？

我们首先来解决第一个问题，根据移民人口数量与辣味餐馆数

量的比较，[1]笔者发现，是跨地区的人口流动这一现象本身导致了辣味饮食的兴起，而并非由来自传统吃辣区域的移民带入城市的口味。辣味餐馆的数量与移民人口数量正相关，而与移民所来自的地区无关。为了解移民是如何带动辣味饮食的流行，笔者在上海，广州和深圳进行了田野调查。结果发现辣味菜肴与消费人口的年龄密切相关，因此城市人口的年龄结构能够反映出辣味菜肴消费的基础人群数量。

　　以上海为例，上海市外来人口主要集中在20—45岁的年龄段，这个年龄段也是辣味饮食的主要消费年龄段，即18—40岁之间。户籍人口的年龄分布呈明显的老龄化趋势，以45—60岁为最多，这一年龄段的人群并不是辣味饮食的主要消费人群，因此说辣味菜肴是移民的口味，是准确的。广州的年龄结构图与上海相仿，而深圳则以外来人口居多，其年龄结构年轻于上海，而结构比例类似。较为年轻的劳动人口是消费辣味菜肴的主力，当一个城市中移民人口较多时，其能够消费辣味菜肴的人口也随之增长，从而导致辣味餐馆的增加。而当辣味餐馆增加到一定规模时，又可以带起一定区域内的辣味菜肴流行。当辣味菜肴成为流行时，又能够引起社交团体的

1　由于本文并非学术论文，故在此略去数据模型和推导逻辑过程。感兴趣的读者可以查阅笔者在学术刊物上发表的有关论文。

小知识

辣是造就人与人之间联结的最好纽带。辣味是一种痛觉，而不是味觉，当人与人就餐的时候一起吃辣，实际上是造就了一种共情的场景，即所谓"同甘共苦"的关系。一起忍痛就有一种共情的意思在里面，我们在一个同样的场景里面去忍受痛苦，或者竞赛忍痛的能力。一起吃一餐红汤火锅，满头冒汗，龇牙咧嘴，仪态全无，这样造就的联结关系显然比端坐着吃一餐高级宴席要亲密得多。

消费，从而导致辣味餐馆对社交需求的满足。

前文已经说明了辣味菜肴属于较为廉价的饮食，而移民在满足饮食消费需求时，往往相对于本地居民更愿意选择廉价的辣味菜肴。由于移民在外就餐的比例较户籍居民高，而收入却低于户籍居民，移民们为了节省饮食开支，则较有可能选择更为经济的辣味菜肴作为就餐选择。

辣味菜肴同时也可以满足移民的社交需求，在笔者的田野调查中发现人们在外用餐时选择辣味菜肴的可能性远较在家用餐时高，当共同用餐的社交团体中有人选择辣味餐馆时，往往能够带动本来不常吃辣的个体随同团体吃辣。尤其是当辣味菜肴成为某个时间段内某个地区的流行菜肴时，食用辣味菜肴便成为一种社交行为。移民由于在城市中缺乏原生的家庭社交网络，非常依赖朋友、同事而形成的社交圈子，从而导致移民更需要社交活动的情况，这也在一定程度上加强了辣味菜肴的流行。

综上所述，移民的年龄结构、消费能力和社交需求，符合辣味菜肴的消费市场划分，从而导致了辣味菜肴在移民中的盛行。所以我们可以说，是移民创造了辣味菜肴的消费市场，创造了"城市辣味饮食文化"。这种"城市辣味饮食文化"并非来自哪个乡间，而是来到城市里的移民们的集体发明创造。这种情况与美国的移民饮

食文化非常相似，汉堡包是地道的美国菜，却被冠上一个德国名字。比萨饼是全球移民在美国对意式面食的再创造，融入了大量其他民族的元素，以及一些在美国市场环境下形成的新元素，形成了与传统意式比萨风味迥异的美式比萨。[1] 人类学界管这种情况叫"被发明的传统"（invented tradition）。[2] 当我们在城市里看到"川""湘"馆子的时候，应当知道它们虽然被附会了一个地域名词，但说到底它们还是现代城市的造物，虽有一点地方饮食的影子，究其根本还是个新鲜事物。

第一个问题的结论可以用于解释第二个问题。城市的饮食文化

---

1 许多读者对于笔者关于比萨饼起源的表述有质疑，在此特别澄清如下：现在世界上广泛流行的比萨，包括我们中国人日常能够买到的比萨饼，一般是美式比萨。美式比萨与意式比萨有很大的不同，意式比萨的面饼部分一般很薄，大概只有苏打饼干的厚度；而大多数美式比萨做得很厚，用发酵的面饼，接近面包的口感。意式比萨的馅料和酱料通常只有番茄酱、奶酪和牛至叶，即便要加上萨拉米香肠，也是冷切后单独加；而美式比萨的馅料和酱料相当繁多，几乎是可以任意发挥的。因此笔者认为美式比萨和传统意式比萨可以算是两种完全不同的食物了，正如美国的中餐馆经常出售的"杂碎（chop suey）"，华人一般不认为这种高度美国化的中餐与中国本土中餐中的"炒什锦"等菜肴是同源的。基于同样的理由，笔者也认为当今流行全球的比萨饼，本质上是一种美国的发明，正如"被发明的传统"这一概念所提示的那样，这是一种体现了美国族群融合和共同历史记忆的食物。

2 ［英］埃里克·霍布斯鲍姆：《传统的发明》，顾杭、庞冠群 译，译林出版社，2020 年版。

同样也是来自欠发达地区的移民效仿的典范，城市的辣味饮食实际上并不是移民从故乡带入城市的饮食习惯，确切地说，这是一种由移民进入城市以后，与城市中的其他居民一同创造出来的饮食文化，这种饮食文化是一种移民城市的饮食文化，归根到底这是一种新近被创造出来的城市文化，因此当移民进入城市时，他面对的是一种"城市辣味饮食文化"，即使移民个体来自传统吃辣区域，他接纳的这种"城市辣味饮食文化"也与他故乡的"乡村辣味饮食文化"有所不同，因此他仍然是出于接受城市文化的被授予者地位，并非反向的选择。

第 六 节

去地域化的辣椒

　　　　大城市里的老居民经常会感叹，家门口的小食店怎么
　　　不见了，那些"麻辣烫""拉面馆""桂林米粉""沙县
　　　小吃"又是从哪里冒出来的？老北京的豆汁小摊走了，打
　　　着"手抓饼"小旗的推车来了；老上海的馄饨摊少了，做
　　　外地人和游客生意的"小笼包"多起来了；老广州的粥铺
　　　少了，味道走样的肠粉店却遍地开花。

在中国城市迈入现代移民城市这一阶段以前，中国的城市曾是
带有鲜明的地方饮食文化特色的，随着 1990 年以来中国城市化的进
程加速，大量的移民涌入城市，原有的地域特征饮食文化迅速地被
现代性的饮食文化所取代。这一进程并不是全国一致的，却存在着
全国性的影响，也就是说，即使某一地的人口流动频率和物流发达
程度还没有达到"去地域化"的程度，但是由于全国性的整体影响，"去
地域化"的进程也同样发生了，但是程度不及发达地区。总体来说，
如果按照国际通行的划分标准，以 1000 万人口以上为巨型城市，以
500 万至 1000 万人口为特大城市，以 100 万至 500 万人口为大型城
市，以 10 万至 100 万人口为中型城市，以 10 万人口以下为小型城
市。那么中国的巨型城市、特大城市和大型城市，已经基本上完成
了从地域性城市向移民型城市的转化，原有的地方性饮食文化特征

基本上已经被现代性饮食文化所代替。在外来移民人口占比尚不太高的中型城市和小型城市，还能保持一些地方性饮食文化特征。从区域来说，东南地区的转化要比其他地区更快，沿海地区要比内陆地区更快，沿交通干线和主要河流地区要比交通不便利的地区更快。由于中国传统地域饮食文化高度集中于东部区域的商业和文化中心，而现代中国的大型城市多数由原来的区域中心城市转化而来，从而导致现代饮食对传统饮食的覆盖，原有的地方性饮食文化在现代性饮食文化的冲击下不断消解、碎片化，乃至于丧失独立性。

　　去地域化（deterritorialization）最早由法国学者吉尔·德勒兹（Gilles Deleuze）1972 年在《反俄狄浦斯》一书中提出，广义上的去地域化是指当代资本主义文化中人类作为主体的流动性、消散性和分裂性。[1]但是这一概念常被用于文化全球化的解释，在人类学界，"去地域化"一般指文化与地方之间的联系的弱化，这种弱化包括文化的主体和客体在时间和空间上的去地域化。具体到饮食文化上来说，以起源于重庆的麻辣烫为例，所谓空间联系的弱化是指麻辣烫作为物的主体与重庆这一地理空间的联系逐渐弱化，而麻辣烫的制作者和消费者作为物的客体也不限定于原来的地理空间——重庆；

1　Gilles Deleuze and Félix Guattari.1972.Anti-Œdipus.Trans.Robert Hurley, Mark Seem and Helen R.Lane.London and New York: Continuum, 2004.

经历了 20 世纪的历次革命后，中国传统的菜肴阶级分野已经被打破了，辣椒也不再背负"上不得台面"的刻板印象，而成为大众趋之若鹜的"革命宠儿"。不过，在改革开放以前，各地人民通常很少流动，各个地方仍然保持独自的地域风味。伴随着改革开放的浪潮，全国人民的大流动开始了，移民成为生活的常态。人口的大迁徙带来了全新的饮食风尚，迅速的城市化给热烈奔放的红汤火锅创造了最好的舞台。

所谓时间的联系的弱化则是指麻辣烫的起源和传播的进程不断在不同的地方重现，原来的作为地方文化的麻辣烫失去了时间上的原真性。

在现代性饮食取代传统地方性饮食的过程中，起到决定性作用的历史背景是现代物流的高度整合和日益频繁的人口流动。美国人类学家乔纳森·弗里德曼（Jonathan Friedman）说："现代社会将个人的文化体验从原本所处的'地方性情境'中抽离出来，消解了饮食文化与地域长久以来的关系，因此产生了'去地域化'现象。"[1]因此现代性饮食的基本特征即人的流动，城市中大量的新移民和流动人口共同营造了一种新的现代性饮食，这种新型的饮食文化是伴随着城市化的剧烈进程发展的，它不再受限于传统的地域物产，但现代性饮食可能从旧的地域饮食文化中借鉴了一些特征，比如采用了某种食材，或者尽力在模仿某一种地方性口味，比如兰州拉面中的面条、牛肉，以及牛骨高汤的口味，尽管这些饮食的具体内容是旧有的，但是作为一种现代性饮食，其整合的结果却是全新的：全国各地的兰州拉面、麻辣烫门店，不再采用本地牧民和农户的产品，而是通过全国物流网络采购工业化加工的冷冻面团和冷冻牛肉，采

1　[美]乔纳森·弗里德曼：《文化认同与全球性过程》，郭健如 译，商务印书馆，2003 年版。

用统一配置的高汤配料来取代原本一家一户熬制的高汤，因此现代性饮食的本质是一种全球化现象的代表，是现代性的一种体现。

在中国的现代性饮食当中，有几种"物"的表征是值得我们特别注意的，即能够在全国范围内普遍流行起来的饮食，外来的有"麦当劳""肯德基""汉堡王""回转寿司""韩国烤肉"；来自台湾地区的有"珍珠奶茶""永和豆浆""炸鸡排"；来自华北的有"煎饼果子""小肥羊"；来自西北的有"兰州拉面""烤羊肉串"；来自四川的有"麻辣烫""红汤火锅""重庆小面"；来自华南的有"桂林米粉""粤式茶餐厅""沙县小吃"，以及最近流行起来的"潮汕牛肉火锅"。

从这些先后在城市中流行起来的现代性饮食类型当中，笔者总结了四个共同的规律：

1.简化菜单：菜单上的品类越来越少，只保留主打的二三个品种，甚至只有一种主打品种。

2.规范操作：尽量免去复杂的人为因素环节，减少厨师的参与，使菜品得以高度统一，操作便利到只需要几个小时的培训就可以上岗。

3.统一食材：高度依赖现代物流，原材料可以快速且廉价通过全国物流网络铺到每一个门店，同时保证了原材料的一致性。

4.配方调味：依赖工业化的调味品保证食物的口味，很多饮食

1993 年, 麦当劳在广州开出了第一家分店, 初次进入中国大陆的时候, 它的产品曾与美国麦当劳相差无几。

店都有固定的调味配方, 而这些配方是密不公开的, 作为重要的资产之一掌握在资方的手中, 资方以工业化的生产方式制造这些统一的调味品, 分配给各个门店, 同时这些浓烈的调味品可以掩盖工业化食材缺乏原材料风味的缺陷。

以中国本土的现代性饮食类型举例, 凡是火锅类型的饮食, 都符合以上的特征。"红汤火锅""小肥羊""潮汕牛肉火锅""麻辣烫", 火锅可以最大限度地免去厨师的参与, 人为的因素被极大地降低; 火锅的品类很少, 无非是清汤、红汤、鸳鸯等有限的几种, 可以给消费者留下深刻的印象, 而免去繁复的菜谱; 火锅高度依赖现代化的物流, 在现代物流出现以前, 内蒙古的羔羊肉、潮汕的黄牛肉, 这些有着鲜明地域特征的食品很难在全国范围内流行起来, 但是冰冻的标准化食材不可避免地失去了一些食材原本的风味, 所以又依赖调味赋予风味。火锅的口味高度依赖火锅底料的味道, 如果没有独特配方的火锅底料, 火锅门店很容易被复制, 因此能够在全国范围内获得一定市场份额的火锅餐饮品牌, 无不有自己独特的汤底配方。对"小肥羊""红汤火锅"来说, 是汤底作为独特的配方, 而对"潮汕牛肉火锅"来说, 由于使用的是清汤底, 因此难以汤底作为区分的标志, 所以"潮汕牛肉火锅"主要以蘸料的制作作为品牌的标志物——沙茶酱。

　　即使不是火锅品类的饮食，同样也受到这四个共同规律的支配。"珍珠奶茶""永和豆浆""炸鸡排""韩国烤肉"完全匹配这四条规律，"珍珠奶茶"的品类是简单的，人为因素被降到最低，几乎都使用现代化的饮料制作机器出品，原材料高度依赖现代物流的配送，每一个较大的奶茶品牌都有自己独特的配方。"永和豆浆""炸鸡排""韩国烤肉"在这些方面也是类似的。

　　快餐品类的几种饮食类型值得特别关注，即"兰州拉面""沙县小吃""重庆小面""桂林米粉"，它们在第一、三、四条规律上似乎符合，然而在第二条规律上并不符合，这些快餐品类的饮食类型仍然保留了很大的差异性，也就是人为因素的痕迹，我们经常会发现有些兰州拉面硬一些或者软一些，汤头的味道也略有差异；桂林米粉、重庆小面的标准也很不一致，面条的口感、汤头和浇码都因店而异；根据段颖等人的调查，沙县小吃的蒸饺、拌面等小吃被各地沙县小吃店塑造为最具代表性的沙县小吃。只要稍稍留意各地的沙县小吃店，就能发现店内的蒸饺从卖相到盛放器皿都惊人一致。[1]但沙县小吃的差异性也不容忽视，有些沙县小吃卖起了炖汤，还有一些甚至卖起了黄焖鸡米饭。虽然这些快餐品类的饮食行业协

1　段颖、梁敬婷、邵荻：《原真性、去地域化与地方化——沙县小吃的文化建构与再生产》，载《北方民族大学学报（哲学社会科学版）》，2016 年第 6 期，第 74-79 页。

小知识　移民们喜欢吃辣，并不是把自己的饮食传统带到城市里来了，而是他们在城市里重新发明了"现代城市移民饮食"，移民在他的家乡，原本是有着各种各样的人际关系的。但是到了城市以后，脱离了原本的生活情境，原来的人际联结断掉了，因此移民迫切地需要社交，需要与人建立联结。而在中国的社交文化里，吃饭是一种很重要的建立联结的手段。

会都在致力于规范化，但是由于门店的资本相对分散，因此很难做到统一品牌下的高度一致。以兰州拉面为例，由于拉面对于人工的依赖程度很高，不容易通过酱料、底料、蘸料之类的调味品进行品质控制，客观上造成了即使是品牌加盟店，也有可能出现出品不一致的情况。有一些连锁品牌的兰州拉面，要求加盟商只能向品牌购买配料，通过向加盟商销售配料获利，但是拉面本身的制作仍然对出品造成了决定性的差异化影响。

在中国城市化进程中发生的现代性饮食文化取代传统地域性饮食文化现象，实际上是全球普遍的现象。美国、西欧等传统发达国家早在20世纪五六十年代就已经经历过这一历程。

但是中国的"麦当劳化"与美国的麦当劳化有许多似是而非的地方，我们就以麻辣烫为例，如同美国有许多以麦当劳模式售卖汉堡包的品牌一样，比如有 Wendy's Burger，Carl's Junior 等，中国也有许多麻辣烫的品牌，如杨国福麻辣烫、玉林串串香等，但是城市中最多的还是那些没有全国性品牌的小店。在可计算性和可断定性方面，中国的现代性饮食弱于美国的同行，尽管配方调味可以尽量地统一口味，标准化服务可以是尽量使烹饪操作高度一致，但是由于资本的分散和中国地域口味的巨大差异，仍然使得中国的现代性饮食产生了与别国经验不同的特征。

　　中国现代性饮食文化中带有鲜明的辣味元素的三类物的表征体，即"麻辣烫""红汤火锅""重庆小面"。这三种食物最明显的特征，也是最容易统一的形象，即工业化批量生产的统一的调味酱料。同时，笔者也提出了麦当劳化的四个指征实际上在中国食品工业的现代化进程中也同样得到了体现，虽然有些指征在中国的实践中与美国有些不同，但是整体而言仍是同一类型的。这三种辣味的现代性饮食，有一个共同的特征，即都是汆烫煮食的食物，这种烹饪方式使得厨师的参与性被降到最低，而火锅类的饮食直接省去了厨师这个职位设置，由顾客自行煮食。因此这种类型的饮食最能够体现"可断定性""可计算性"和"可控制性"。

　　以笔者提出的中国饮食现代性的四个规律来看，这三种食物符合全部特征，即简化菜单、规范操作、统一食材、配方调味。汆烫的食物可以免去复杂的厨房操作，很容易通过现代物流体系规范和量化并且在全国范围内统一配送，在菜单上品类非常简单，通常火锅只能选择有限的几种口味，麻辣烫也是如此。对汆烫类的食物来说，最为关键的则在于调味，而这种调味又可以很方便地由中央厨房统一调制并且批量生产，送达每一个门店。

　　无疑，辣椒是配方调味最为青睐的味道，辣味天然带有突出的标志性特征，容易形成辨识度；辣味可以掩盖由现代物流带来的冰

小知识 中国麦当劳的变化与我们这代中国人的成长是同步的，食品也越来越中国化，现在麦当劳的香热饼（McDonald's Hotcakes）和奶昔（milkshake）都已完全退出中国市场。

冻食物的不良味道和口感，可以最大限度地利用食材（包括临近保质期的食物）；辣味可以刺激唾液分泌，可以促使消费者更快地吃下更多的食物，有利于餐馆的盈利；辣味还可以很方便地和其他味道搭配起来，形成独特的香料配方，从而建立企业的调味秘方。但辣椒也有它的致命弱点，对不吃辣的消费者而言，只要有辣味就会导致辣味食物完全被排除出他的选择范围。但是随着城市化程度的日益加深，完全不食辣的消费者越来越少了。

笔者在上海、广州、深圳进行的访谈中发现，年龄介于18—40岁之间的人几乎都能吃一些辣，即使他们的常居地并不是传统上的吃辣区域。而在40岁以上的人中，大致可以根据常居地来判断此人是否吃辣。这说明吃辣在城市的主要外餐消费群体中已经是非常普遍的。在访谈中，很多来自传统上不吃辣区域的年轻人表示，如果不吃辣，则很难与同学、同事或朋友进行社交聚餐活动。其中有几位明确表示自己在家中从不吃辣，而是在大学同学或同事的影响下吃辣的。有趣的是，其中一位广东籍大学生告诉我，他的室友全部是广东人，却在聚餐时常常选择湘菜、川菜等餐馆，这是由于这些餐馆往往价格比较便宜，学生的消费水平能够负担得起。

随着城市中的居民对于辣椒的接受程度越来越高，近年来的饮食调查表明中国大约有半数的居民吃辣，当然这一比例在城市中更

高。以辣味作为突出调味特征的配方调味品也越来越普遍，因此在中国特色的氽烫式现代性食物中，辣味的调味起到了关键的作用。

汉堡包在美国的现代性饮食中普遍流行，有其食物自身的属性因素。汉堡包一般由两片面包，夹一层芝士片、一层现烤牛肉饼、两片酸黄瓜，再涂上美乃滋酱或是番茄酱制成，也有些汉堡包会加入几片生菜或者甘蓝叶，或者加入两片培根。但基本的形制必须包括面包和中间的肉饼和芝士片。面包、肉饼、芝士片这三者都是可以大批量标准化生产的，并且通过冷冻运输到达每家门店的食材，为了确保品质的稳定，肉饼焙烤的时间精确到秒，早期需要人工完成，现在亦可以机器进行。汉堡包的属性决定了它很容易以标准化的流程生产，并且不容易产生太大的偏差，且汉堡包这种产品包括一般人所认知的一餐中必需的元素，即淀粉质食物、肉食和蔬菜，虽然其比例极不合理。

同样的氽烫式食物，即麻辣烫、火锅之类的食物在中国的流行也与其属性有关，即这些食物与汉堡包有相似之处，虽然它们看起来大相径庭。一般来说，麻辣烫的可选食材包括豆腐串、鹌鹑蛋、牛肉丸、腐竹、生菜、金针菇、牛肉片、白菜、香肠、鱼蛋、蟹肉棒、火腿、鱿鱼花等，看起来种类非常丰富，但是这些食物除了蔬菜类，大部分都是冷冻品，而蔬菜类则多用四季皆有的品种。麻辣烫主要

小知识 麦辣鸡翅是地道的中国麦当劳专属产品，据麦当劳官方网站介绍，这款产品在 1998 年推出，选择了朝天椒的辣味，辣度值达到 1000 SHU（Scoville heat unit，史高维尔辣度指数），超过一般红汤火锅的辣度。

通过调味料来赋予食物味道，冷冻食材经过了标准化的汆烫流程以后，被浸在调味料汤汁中吸取味道，再按照顾客的要求选取蘸料加入汤汁，就是麻辣烫的一般操作流程。这个过程中可由烹饪者影响的因素非常少，可以说除了汆烫的时长，几乎所有的因素都是可控制的。从效率来看，麻辣烫的确是效率很高的饮食类型，它不需要聘请高薪且不稳定的厨师，口味的一致性也容易确保。且麻辣烫可以由消费者自行搭配菜式，又不增加厨房的运行压力，这也是一个巨大的优势。因此我们说麻辣烫是中国的汉堡包，也是恰如其分的。

第 七 节

边疆的辣椒

中国是一个幅员辽阔的国家，各周边区域的饮食都对中国的饮食文化有大小不一的影响，在跨区域交流和融合的过程中，食辣饮食被相互借鉴地采用，形成了当代中国错综复杂的多源性辣味饮食文化。

本节主要讨论中国带有显著食辣特征的边疆饮食文化类型，包括西北饮食、高原饮食、西南饮食和海外的东南亚华人饮食，共有四种类型。这里所说的边疆，不单指地理上的边疆，亦指文化上的边疆，即广义的边疆。侨居海外的中国人，以及定居海外的华裔，他们一方面继承和传播了中国饮食文化，另一方面也在改变着中国饮食文化。海外的中餐大多带有鲜明的当地饮食痕迹，为了适应当地人的口味而做出了很大的调整，但仍保持了中国饮食文化中一些共同的传统。这种域外的中国饮食文化，就是文化上的边疆。

图 3-3 简要地表示了中国饮食文化的核心和边疆的关系，以及各类型的区域饮食文化相互之间的影响，相邻的六边形表示互相之间有较大的影响。这里所说的"中国饮食文化核心"并不是指一个具体的菜系或者区域饮食类型，而是中国各区域饮食文化中的共同部分，边疆类型则是指中国饮食文化与相邻的饮食文化碰撞和交织产生的带有鲜明的异域特征的饮食文化类型。

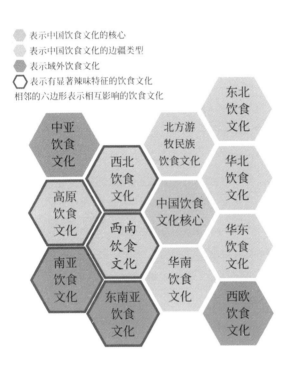

图3-3 中国饮食文化的核心与边疆

　　中国是一个地域广袤的多民族国家，除了以汉族为主体的中国饮食文化核心，差异性比较大的还存在以蒙古族为代表的北方游牧民族饮食文化，以藏族、羌族为代表的高原饮食文化，以维吾尔族、回族为代表的西北饮食文化，以傣族、苗族、壮族、彝族、佤族等西南少数民族为代表的西南饮食文化等。这些中国境内的少数民族饮食文化都不同程度地受到了中国饮食文化核心的影响，同时也对中国饮食文化核心施加影响。食辣饮食习惯即起源于西南山地少数民族，而随后强烈地影响了汉族的饮食文化，再传播到其他边疆饮食文化类型中去。

　　在当今全球化的时代，中国饮食文化不可避免地与域外饮食文化发生相互作用和影响，由于近百年来西欧文明的强势地位，当代中国饮食文化中的域外元素有不少来自西欧饮食文化和美国饮食化。然而中国饮食文化也在海外华侨华人的积极推动下不断延伸边界，可以说到了20世纪末，世界上但凡有人类居住的地方，几乎都有中餐的痕迹。中国饮食文化向海外的扩张同时也影响了自身，华侨华人不断将中餐按照当地人的饮食口味改良，反过来又传回中国本土，使中国本身的饮食文化添加更多的域外元素。中国本土的饮食文化也在不断吸纳域外饮食文化中符合中国饮食文化品位和取向的部分，文化和地理距离上离中国比较近的东南亚饮食文化、南亚

饮食文化对中国食辣饮食的影响很大。

饮食文化的相互影响存在着"高地"和"洼地"的规律，一般来说，内容比较丰富的饮食文化对内容较为贫乏的饮食文化进行输出；反之，弱势的一方总是会受到相邻的强势的一方的影响。如资中筠在《从文化制度看当代中国的启蒙》中所说"文化有一个洼地效应，总是从高处向低处流"。饮食文化的"内容"是指某一饮食文化中的食材选择，烹饪手法的多样化，饮食仪轨的复杂程度，饮食价值判断的多角度，历史源流的长远和多源头，某些饮食文化的内容是较为丰富的，能够对周边那些内容较为贫乏的饮食文化产生持续的影响力。

一个族群的饮食文化内容的丰富与贫乏通常决定于以下几个条件。

地理环境的复杂程度。地理和气候类型决定了人们的生计模式，如果一个族群的生活区域仅有渔业或者牧业，显而易见，他们的饮食文化就仅仅围绕着渔业产品或者牧业产品，这样就会使他们的饮食文化内容比较贫乏。比如说蒙古人传统的生计模式是以牧业为主，他们的饮食文化在很大程度上就围绕着一系列的肉奶产品进行创造。气候类型的决定作用也同样重要，比如俄罗斯人的生活区域大致限于寒温带和亚寒带，虽然幅员辽阔但气候过于寒冷，导致他们的物产极为有限，饮食文化可以发挥的空间较小。反过来，日本的疆域

在整个 18 世纪和 19 世纪辣椒迅速蔓延，南方内陆山区的贫农几乎都成了嗜辣者。这种情况也给辣椒打上了鲜明的阶级烙印。

比俄罗斯小得多，但是覆盖的气候类型却比俄罗斯多，日本南部的冲绳列岛可以生产香蕉、甘蔗、菠萝一类的热带产品，北部的北海道也可以产出松叶蟹、鲑鱼一类的寒带海产品，日本除了举世闻名的渔业以外，也出产畜牧产品如神户牛、松阪牛等，种植业更是兼有米、麦和大豆。中国的情况更加丰富，世界上几乎所有的气候类型都可以在中国找到，各地的不同出产更是不胜枚举。

贸易和移民的发达程度。有些国家本土的气候类型不多，但是却拥有广阔的海外殖民地，导致它可以借鉴和利用的域外食物品种非常丰富。以英国饮食文化为例，它的食材不仅有不列颠群岛本土的材料，还有来自欧洲大陆的贸易品，更有来自海外殖民地的食材。英国的红茶就是一个贸易复合的典型，来自印度的红茶、本土的奶、加勒比的糖共同构造出一系列英式茶文化。英国在海外的殖民和贸易不但把许多英国饮食文化的内容输出到海外，如中国香港的茶餐厅就大量借鉴英国饮食文化；同时也使得世界各地的饮食文化逐渐融入英国本土，如来自印度的咖喱就在英国生根发芽，产生出了较为清淡的英式咖喱食品。与英国的情况比较类似的还有葡萄牙、西班牙和法国，这些国家在开拓殖民地和海外贸易的同时也极大地丰富了自身的饮食文化内容。相反地，在开拓殖民地和海外贸易方面不太成功的德国和东欧国家，饮食文化就比较局限于本地的出产。

　　政治结构的复杂程度。有一些族群，本土的出产较为丰富，海外贸易也很便利，却没有发展出较为丰富的饮食文化内容，比如东南亚的马来人和他加禄人，这是由于他们的政治结构比较简单导致的。不同的社会阶层有着不同的饮食文化价值判断，比如法国的饮食文化，存在欧洲宫廷饮食、封疆贵族饮食、平民饮食等各种复杂的价值取向，它对饮食的价值判断是多维度的。在进入殖民时代以前的东南亚，虽然也有国王和部落首领的阶层，但政治和阶级结构过于简单，通常直接由部落首领统率平民，缺乏中间阶层，导致整体上饮食文化差别不大，没有形成复杂的价值判断和饮食阶级流派。

　　饮食文化输出的方向一般来说是从"高地"到"洼地"，但某些特定的历史时期也会出现逆向的情况，这种情况的出现通常是伴随政治地位的突然逆转而发生的。比如在南北朝时期，北朝的胡人统治者就使得大量的胡人饮食文化进入当时的北朝汉人生活中，但这种情况在南朝则极为罕见。在元朝和清朝的初期，蒙古和满洲贵族的饮食文化也受到被统治的汉人的追捧，许多蒙古和满洲饮食文化元素进入到汉族饮食文化中。这种情况不单在中国，也曾在波斯、印度、拜占庭等文明古国发生过。不过这种情况通常难以持久，统治者带来的饮食文化很快被广大的被征服者吸收、融合，其边界再也难以清晰地划分。

1. 东南亚华人饮食中的辣椒

东南亚华人的饮食中辣椒的元素非常突出，但不仅限于此，还有许多中国本土罕见的香料在东南亚华人的饮食中都被广泛使用，这种情况的发生和华人移居东南亚地区的生活情境和历史经历密切相关。东南亚是全球重要的香辛料产地，欧洲殖民者在四百年前来到这片土地时，便以"香料群岛"之名称呼东印度群岛。华人在东南亚的历史要比西方殖民者更早，在明代早期便有大量的华人在东南亚定居，这些人主要是商人和海盗，他们为了更便利的海上贸易而在东南亚设立了许多华人贸易中转站和据点。马六甲就是其中非常重要的一个，马六甲的三保山墓地有一万两千座华人坟墓，其中有数十座坟墓始建于明代，这便是明代华人在马六甲定居的明证。16 世纪华人在东南亚的定居点主要有马来亚半岛的满剌加（马六甲）、苏门答腊岛的旧港（巨港）、东爪哇岛的新村（泗水），此外吕宋、勃泥也有逾千名华人居住。如今早期华人的后代一般被称为"土生华人（Peranakan，此词在马来 / 印尼语中皆为"外来移民的土生后代"之意）"，在当地福建马来混合语中则以峇峇娘惹（Baba Nyonya）称之。

娘惹菜是东南亚华人饮食中非常重要的组成部分，也是当地华

人引以为傲的特色菜。娘惹菜，顾名思义是土生华人中"妈妈"做的菜，这种菜式的特点是带有浓郁的东南亚当地食物特色，但又是以中餐的形式呈现出来的。清中期以前到南洋谋生的华人多为男性，有些人在故乡已有妻小，有些则是单身。由于明清海禁的缘故，民间海外贸易不得不在天朝疆土以外寻找据点，这些男人到了东南亚以后，有纳当地人为侍妾的做法。明代文献《殊域周咨录》记载：交易皆妇人为之，唐人到彼，必先纳妇者，兼利其买卖故也。就算不为了贸易，华人男性需要寓居南洋较长时间，生活也需要有人照料，在他乡的寂寞也需要排遣，历代文献关于东南亚华人"两头家"的做法不乏记载。

娘惹菜是中国饮食文化在东南亚本地化的突出案例。新马华人的海南鸡饭必备辣椒蘸料，华人的咖喱菜和辣椒虾酱（叁巴峇拉煎，sambal belacan）也都有强烈的辣椒调味，本来不吃辣的闽粤籍华人在东南亚接受当地的辛辣口味，并且产生了一些新的口味。东南亚华人接触到辣椒比中国本土要早得多，16 世纪早期葡萄牙人就已经给马六甲带来了辣椒，并在当地广泛种植。"新马华人"的吃辣习惯显然是在当地形成的，他们把辣椒进一步地应用到许多原本的中国食物中去，独创性地发展出了自己的食辣之道。

2. 高原饮食中的辣椒

中国青藏高原上的族群的饮食文化是一种受外来影响比较复杂的类型，高原饮食文化本身的内容并不丰富，高原的气候局限性使得食材受到很大的限制，高原的生计种类也比较单一，长期的宗教影响也使得高原饮食文化内容较不丰富，从而导致青藏高原出现了饮食文化的"洼地"效应，很容易受到诸多外来饮食文化的影响。高原饮食文化受到自东而来的四川饮食文化的影响，受到自北而来的西北饮食文化的影响，受到自南而来的南亚饮食文化的影响，前两者都属于中国饮食文化的子类型，后者属于域外饮食文化。这三者都是带有鲜明辣味风格的饮食文化，因此高原饮食文化也是辣味非常突出的类型。南亚饮食文化中以印度咖喱饮食的影响力最为突出，印度咖喱中辛辣的种类非常多，南亚饮食文化的辣味风味通常属于复合式香料调味，少则六七种，多则十余种香料叠加产生复杂的味觉体验。在藏餐中，咖喱的风味被简化了，香料的种类大为减少，组合成的咖喱基本上被限定在十种以内。四川饮食文化对高原的影响也很大，由于西藏是长期受中央财政扶持的地区，物价水平较高，因此吸引了大量的四川人在西藏开设餐馆，从事饮食服务业。四川人带来的饮食文化是非常显著的，但是原来复杂的四川复合味型，在高原地区被简化为麻辣、香

辣的味型，由于味型的简单化，辣味的特征也被强化了，因此我们会有更直观的感受——藏区川菜的辣味比四川的还要辣。

西北饮食文化对高原的影响有类似的情况，但不同之处在于四川饮食文化在高原的影响主要依靠汉族移民的传播，而西北饮食文化在高原的影响则主要依靠藏族内部的文化交流。青海的祁连山以南地区，是汉族、藏族、回族杂居的地域，这里的饮食文化属于西北饮食文化和高原饮食文化的过渡地带。祁连山以北的河西走廊则是风格鲜明的西北饮食文化，居住于祁连山以南、青海湖以北的藏族，饮食文化上很接近西北饮食文化范式，从高原民族的角度上说，这里则是藏人饮食文化的边缘地带，他们将西北饮食文化的内容不断地向藏区内部传播，尤其是辣椒调味料的传播。青海的东北部是高原地区唯一的辣椒产地，西藏地区使用的辣椒粉主要在这一区域种植和加工。

辣椒传入西藏是很晚近的历史事件，大致在清朝的咸丰年间，即19世纪中叶，从藏语辣椒的发音来看，应该是转音自英语，因此很有可能是来自当时英属印度的影响。不排除四川的食辣饮食有可能影响到东部的康区，但是这一影响并不是主流的。由于高原的地理条件并不适合种植辣椒，辣椒传入藏区以后扩散非常缓慢，直到20世纪后半期交通得到大幅度的改善，辣椒粉作为一种商品化的调

味料才广泛地在高原地区使用。高原使用辣椒的情况也呈现多区域复合影响的结果,四川和云南饮食中辣椒通常与其他味道混合使用,形成复杂的多重味觉感受,如川菜的麻辣、香辣、鲜辣等复合味型,然而高原的辣味则比较单一,仅仅是单纯的辣味而已。高原使用的辣椒粉明显受到西北饮食文化的影响,在高原,鲜食和酱式的辣椒都不如辣椒粉普及,西北地区生产的辣椒粉色泽鲜红、香味突出、辣度适中,在高原地区很受欢迎,也是高原饮食中辣味的主要来源。高原饮食文化借由与尼泊尔和印度的联系,从南亚饮食文化中认识到了辣椒,从中国西南的饮食文化中了解了辣椒在饮食中的应用。从西北饮食文化中获得了辣椒粉,并以此作为主要的辣味来源。

3. 西北饮食中的辣椒

陕西是中国西北地区食用辣椒的重要节点,在陕西辣椒一般以油泼辣子的形式添加到面食中,或者用于蘸食。这种食用辣椒的形式影响了整个西北地区,本书第二章第七节"南北差异"有详细的解释,在此不赘述。

假如我们将考察的对象扩大到整个北方地区,不难发现陕西是一个特例,潼关以东的晋、冀、鲁、豫四省的传统地方菜看几乎都

不会在烹饪过程中加入辣椒，即使提供辣椒，也只是供蘸食或自行添加。虽然近三十年来北方菜肴中辣椒出现的频率大幅度上升，但是总体而言，北方菜肴中辛味来源仍然是胡椒、葱、蒜等传统作物，辣椒的作用并不突出。陕西广泛食用辣椒发生在同治年间以后，笔者认为与同治年间发生西北社会动荡有很大的关联，它动摇了传统饮食文化所依存的社会经济结构，造成了辣椒在西北地区的迅速扩散。反观晋、冀、鲁、豫四省，虽然在20世纪中也遭遇了一系列的社会动荡，但总体而言饮食文化并没有遭受颠覆性的冲击。尤其是历史悠久、系统完整的鲁菜，具有强大的韧性和生命力，较难接受辣椒这种味觉元素较为"霸道"的外来物产。此外，中国东北饮食近年来出现了不少加入辣椒的菜肴，笔者认为这种情况是本书第三章第五节"移民的口味"讨论过的城市移民饮食文化的影响，是由大规模的人口迁徙导致的。根据笔者的实地考察，中国东北饮食的核心内容是属于鲁菜菜系的，其宴席菜肴体现出明显的鲁菜传统。辣椒只不过影响了东北菜的"肌肤"，其"筋骨"仍是鲁菜的。

在中国的西北地区，由于长期存在和中亚各国之间的贸易交流，中亚饮食文化的影响很突出。在20世纪以前，中国西北，尤其是新疆地区的饮食文化更近似于中亚的其他民族，与中国腹地的相似性较弱。随着20世纪中期以来大规模的汉族移民进入新疆，给新疆带

来了多样化的各地区饮食文化元素,比如大量的南方移民进入新疆,给新疆饮食带来了辣椒米粉,带有西北特色的调味方式搭配上经过本地化改造的米粉,这种南北杂糅的风味在内地是不多见的。新疆著名的美食大盘鸡也是移民文化的产物,虽然大盘鸡的历史很短,至今也不过三十多年,但俨然已经是新疆的代表菜式。大盘鸡的原型是辣子炒鸡,具体的源流非常复杂,起源有河南移民说、四川移民说、贵州移民说、本地发明说等,但可以确定的是这是一种由长途货车司机带起来的流行。这些与传统"跑江湖"相似行当的人,在近几十年来带动了许多地方美食的流行,承袭了数百年来漕运船帮带动江湖菜饮食文化流行的一贯传统。

图 3-4 卫星照片显示新疆尉犁县晾晒辣椒的壮观场面

当代西北饮食中的辣椒元素非常突出，以至于人们很难想象没有辣椒的西北饮食是什么样子的，但如果我们进一步向西，则会发现中亚饮食原本的样貌。在当代，我们可以观察到中国饮食文化的边疆类型——新疆饮食文化向中亚的渗透，也就是对中亚的输出，而反过来的情况在当代则比较少见。中国西北的饮食文化中辣椒的使用比较多，这种影响主要来自域内的影响，而不是受到中亚饮食文化的影响，中亚饮食文化大多没有鲜明的辣椒成分。当代西北诸民族中使用辣椒的情况非常普遍，在西北的蒙古族、回族、维吾尔族、哈萨克族、柯尔克孜族、土族、达斡尔族、撒拉族、锡伯族、乌孜别克族、保安族饮食中都可以看到辣椒的使用，随着这些民族与中亚同源民族的交流，辣椒也从中国境内不断向域外扩散。这些西北少数民族担当了辣椒传播的"二传手"角色，即在清末以来从西北汉族手中得到了辣椒，再内化为本民族的食物，然后进一步向西传播。

4.西南饮食中的辣椒

在中国的西南边疆地区，主要是云南的食辣饮食文化中，来自缅甸、泰国的东南亚饮食元素是不容忽视的重要组成部分，尤其是滇西、滇南的少数民族聚居地区，其食辣饮食文化的风味特征很容

西方旅行者如果想尝试四川的红汤火锅，但又不确定是否能够接受，可以先到中国的麦当劳试一对麦辣鸡翅，如果能够接受那个辣度，那么就意味着你能够接受大多数中国食物的辣度。虽然中国人一直喜欢使用各种香料，但辣椒的辣味进入中国食物是相当晚期的事情。

易让食客联想到东南亚的饮食，而不是中国的饮食。在滇北，其食辣饮食文化的风味特征比较接近于四川和贵州，中国饮食的风味特征比较明显。也就是说同样是辣味的菜肴，云南省中存在两种以上的食辣饮食文化范式，云南的这种饮食文化现实，笔者认为其可以属于中国—东南亚饮食文化过渡类型，是中国饮食文化大类型下的一个子类型。

本节中所指的"西南地区"系指中国饮食文化核心区域以外的西南地区，即四川盆地、云贵高原的汉族聚居地区以外的地区的西南少数民族的饮食文化，由于西南地区（主要是云南省境内）的少数民族众多，我们应该将其分作两类看待：第一类是受到境内辣椒饮食文化影响比较多的少数民族；第二类是受到域外——主要是东南亚辣椒饮食文化影响比较多的少数民族。第二类在中文语境中被称呼为"少数民族"的，很多是在东南亚诸国中的主体民族，因此他们的饮食文化有不少来自东南亚的成分。西南地区辣椒传入的情况远比西北地区和青藏高原地区复杂，这是由于中南半岛辣椒的传入比中国本土辣椒的传入时间要早，且在中南半岛辣椒进入饮食也比在中国本土要早，因此云南省少数民族中使用辣椒的传统有相当部分来自西南方向的域外，但亦有从东北方向的汉族聚居地区（汉族食辣的传统也起源于苗族和土家族）传来的辣椒饮食传统，因此

来源比较复杂，辣椒食用的方式也非常多样。很多西南的少数民族的食辣饮食同时受到上述两个方向的影响，因此本节说的境内或者域外影响，是以其影响较大者为依据的，并不是说存在单纯某一个方向的影响。

西南地区食辣传统以境内影响为主的，即前文所述第一类的民族主要有汉族、回族、白族、纳西族、彝族、苗族、瑶族、壮族、哈尼族。自康熙年间贵州的苗族和土家族开始在饮食中使用辣椒后，辣椒在西南方向上的传播速度非常快，到乾隆年间，云南的昭通、曲靖、昆明、玉溪、楚雄地区陆续都出现了种植和食用辣椒的记载。也就是说占据云南往内地商路通道的汉族、苗族、瑶族、壮族很快接受了辣椒饮食，并开始向西北方向的彝族、白族、纳西族聚居地区传播。辣椒在云南的传播进入西北山区以后，即从大理、丽江方向向迪庆和怒江的传播开始变得比较缓慢，主要是地理障碍的关系使得商路传播受到阻碍。因此迪庆的藏族的辣椒饮食是非常晚近的事情，主要受到的是来自康区和藏区腹地的影响。境内食辣饮食的传播在西南方向上同样受到了阻碍，以玉溪、石屏、建水、元阳一线为界，中国境内的辣椒饮食传播基本止步于此。现今云南流行的"傣味"食辣传统主要是域外饮食文化传入。云南食用辣椒的主流方式是"蘸水"，即以辣椒和其他香辛料磨成粉状，加入盐，在食

用时蘸取。虽然名为"蘸水"，但实际是一种以辣椒粉的形式存在的调味料，有些地方会在食用时加入油或水调和。这一特征与四川、贵州的辣椒食用方式有差异，也与西北的辣椒粉食用方式不同。首先云南的"蘸水"是干燥的，并且加入了大量其他作料，从干燥的特征上似乎类似西北，但西北纯用辣椒粉；从添加其他成分的特征上又类似四川和贵州的辣椒酱，但川黔却以湿态为主。笔者推断云南的"蘸水"的源出于贵州和四川的影响，因此惯于在辣椒中添加其他作料，但是云南的气候与贵州和四川有很大的差异，云南的日照时间比较多，气候较川黔两地干燥，便于制作和保存干燥的辣椒，且云南的商路大多是山路，运输比较困难，因此以干燥的形式运输较为方便。故而形成了云南独特的干燥、复合味觉的辣椒食用特征。

西南地区食辣传统以域外影响为主的，即前文所述第二类的民族主要有傣族、佤族、景颇族、哈尼族、拉祜族、傈僳族、德昂族、布朗族。这些少数民族在中国文献中的记载很少，因此难以考证其食辣的时间和地理传播途径。不过笔者推测中南半岛种植和食用辣椒的时间不会晚于中国，因此由湄公河流域北上的食辣传统应该与中国长江流域的食辣传统是几乎同时开始扩散的，两种食辣传统的交汇地点则是云南。在食辣传统从中南半岛向北传播的过程中，起关键性作用的民族是傣族。泰国食用辣椒的历史很长，但是有关中

国境内傣族的历史记载则很少，笔者推测与傣族居住地域临近的佤族、哈尼族、布朗族（虽然佤族与哈尼族和彝族的血缘关系较近，但是由于地理的阻隔，受到傣族影响的可能性较大）也同时受到了来自中南半岛的食辣传统影响。受到横断山脉的阻隔，云南西部地区与云南腹地的联系比较少，商路也经常中断。在德宏、保山一带居住的景颇族、德昂族和在怒江峡谷地区居住的傈僳族的辣椒饮食受到了从缅甸传来的影响，因此食用辣椒的饮食传统近似于缅甸，而与云南腹地有相当的差异。综合以上情况，云南食辣饮食的域外影响主要来自中南半岛，其中尤以缅甸和泰国的影响为甚，由于辣椒输入品种的差异和长期种植选择的趋向不同，从中南半岛传入的辣椒品种与中国本土饮食中所使用的品种皆不相同，东南亚饮食中常使用的"泰椒"，形状类似中国的"朝天椒"，但果实是向下生长的，味道极辣，与中国饮食中选择香味浓烈的品种培育方向不同。

综合中国当代饮食文化中辣椒元素的域外影响来看，以南亚、东南亚的影响最为突出，中国境内饮食文化中带有辣椒元素的三种边疆类型，分别是高原、西北和西南。其中西北饮食文化类型中辣椒元素主要来自境内的影响，即从关中地区一路向西传播。而高原饮食文化类型中辣椒元素则有三个源头，境内的是西北饮食文化类型（边疆类型）和四川饮食文化（核心类型），域外的则是南亚饮

小知识

大约在16世纪晚期，辣椒才由葡萄牙和荷兰航海者带到他们在东南亚沿海的贸易据点。

食文化，高原饮食文化中辣椒的使用习惯比较近似于西北饮食的使用习惯，然而在饮食中使用辣椒的传统则很有可能来自南亚，尤其是尼泊尔和印度的影响。西南饮食文化类型中辣椒元素的来源最为复杂，除了从境内川黔地区传入的影响，还有来自缅甸、泰国和老挝等地的影响，由于云南的民族情况也相当复杂，因此西南饮食文化类型中的域外因素很多，且与境内的因素相互作用，产生了当地辣椒食用的复合传统。如果以民族边界来区分西南饮食文化中的辣椒元素，那么大致上是其东北部以境内的传统影响较大，西南部以域外的传统影响比较多。

参考文献

史籍、方志、字书、笔记、小说、杂项等类：

[1]（汉）许慎.（宋）徐铉校.说文解字 [M].北京：中华书局，1963.

[2]（东晋）常璩.刘琳校.华阳国志校注 [M].成都：巴蜀书社，1984.

[3]（明）李时珍.本草纲目.钦定四库全书本，1792.

[4]（清）蒋深.思州府志：卷四·物产.增补刻本，1722.

[5]（清）范咸.重修台湾府志，1747.

[6]（清）赵学敏.本草纲目拾遗，1765.

[7]（清）张玉书.康熙字典.北京：中华书局，1958.

[8]（清）曹雪芹.红楼梦.北京：人民文学出版社，1982.

[9]（清）袁枚.随园食单.南京：江苏古籍出版社，2000.

[10]（清）徐珂.清稗类钞·饮食类.北京：中华书局，2010.

[11] 辣妹子.歌手：宋祖英，填词：余志迪，谱曲：徐沛东.

[12] 圣经·中文和合本.中国基督教三自爱国运动委员会，中国基督教协会，2007.

数据库：

[13] 大众点评网 - 美团网：餐饮门店数据.

[14] 联合国粮农署：FAO STAT，http：//www.fao.org/statistics/en/.

[15] 中国国家统计局：2010 年第六次全国人口普查数据．

[16] 中国哲学书电子化计划，https：//ctext.org/zh.

[17] 中华人民共和国农业部：中国农业资源信息系统，http：//www.data.ac.cn/ny/.

专著：

[18] 湖南调查局编印，劳柏文校点．湖南民情风俗报告书·湖南商事习惯报告书 [M].长沙：湖南教育出版社，2010.

[19] 陈志明．公维军、孙凤娟译．东南亚的华人饮食与全球化 [M].厦门：厦门大学出版社，2017.

[20] 梁方仲.中国历代户口、田地、田赋统计(梁方仲文集)[M].北京:中华书局，2008.

[21] 梁实秋．雅舍谈吃 [M].武汉：武汉出版社，2013.

[22] 马文·哈里斯．叶舒宪、户晓辉译．好吃：食物与文化之谜 [M].济南：山东画报出版社，2001.

[23] 韶山毛泽东纪念馆编著．毛泽东生活档案.北京：中共党史出版社，2006.

[24] 彭兆荣.饮食人类学，第一版.北京：北京大学出版社，2013.

[25] 汪曾祺．人间滋味 [M].天津：天津人民出版社，2014.

[26] 吴晗.灯下集 [M].北京：生活·读书·新知三联书店，1960.

[27] 薛爱华.吴玉贵译.唐代的外来文明(撒马尔罕的金桃)[M].北京:

中国社会科学出版社，1995，322.

[28] 曾智中，尤德彦 . 张恨水说重庆 [M]. 成都：四川文艺出版社，
2007.

[29] 张应强 . 木材之流动：清代清水江下游地区的市场、权力与社
会 [M]. 上海：三联书店，2006.

[30] 张展鸿 . 饮食人类学，载招子明、陈刚主编：人类学，中国人
民大学出版社，2008 年 .

[31] 周作人，陈子善 . 知堂集外文·四九年以后 [M]. 长沙：岳麓书社，
1988.

[32][法] 克洛德·列维 – 斯特劳斯 . 周昌忠译 . 神话学：餐桌礼仪
的起源 [M]. 北京：中国人民大学出版社，2007.

[33][法] 克洛德·列维 – 斯特劳斯 . 张祖建译 . 结构人类学 [M]. 北京：
中国人民大学出版社，2009.

[34][美] 大贯惠美子 . 石峰译 . 作为自我的稻米：日本人穿越时间
的身份认同 [M]. 杭州：浙江大学出版社，2014.

[35][美] 冯珠娣 . 郭乙瑶等译 . 饕餮之欲 [M]. 南京：江苏人民出版社，
2009.

[36][美] 黄宗智 . 华北的小农经济与社会变迁 [M]. 北京：中华书局，
2000.

[37][澳] 杰克·特纳 . 周子平译 . 香料传奇——一部由诱惑衍生的
历史，第二版 [M]. 北京：三联书店，2015.